山西省畜禽粪污处理与资源化利用技术指引

◎ 山西省畜牧技术推广服务中心　组编

中国农业科学技术出版社

图书在版编目（CIP）数据

山西省畜禽粪污处理与资源化利用技术指引／山西省畜牧技术推广
服务中心组编. --北京：中国农业科学技术出版社，2021.6
ISBN 978-7-5116-5353-6

Ⅰ. ①山…　Ⅱ. ①山…　Ⅲ. ①畜禽－粪便处理－资源利用－山西
Ⅳ. ①X713

中国版本图书馆CIP数据核字（2021）第 111680 号

责任编辑　崔改泵　马维玲
责任校对　马广洋
责任印制　姜义伟　王思文

出 版 者　中国农业科学技术出版社
　　　　　北京市中关村南大街 12 号　　邮编：100081
电　　话　（010）82109194（编辑室）　　（010）82109702（发行部）
　　　　　（010）82109702（读者服务部）
网　　址　https: // castp.caas.cn
经 销 者　各地新华书店
印 刷 者　北京地大彩印有限公司
开　　本　185mm×260mm　1/16
印　　张　13
字　　数　269 千字
版　　次　2021 年 6 月第 1 版　　2021 年 6 月第 1 次印刷
定　　价　168.00 元

《山西省畜禽粪污处理与资源化利用技术指引》
编 委 会

主　　任　茹栋梅

副主任　谢　卓

委　　员　左丽峰　杨子森

- -

编 写 人 员

主　　编　杨子森　焦光月

副主编　杜海梅　张亚强　史向远

编　　者　(按姓氏笔画排序)

马　军　王　曦　王小阳　王旭贞

王秀红　申李琰　刘　强　刘春生

孙　文　李候梅　李清宏　吴燕姣

张飞燕　陈海林　周　浩　赵宇琼

胡志鹏　禹　波　程　景　程晓亮

程彩虹　焦翔翔　戴丽蓉

前　　言

　　近年来，伴随着我国畜牧业的快速发展，畜禽养殖规模的不断扩大，畜禽粪污产生量日益增多，不仅制约了畜牧业绿色可持续性发展，同时成为农村环境治理的一大难题。习近平总书记在2016年12月21日主持召开的中央财经领导小组第十四次会议做出重要讲话，提出力争在"十三五"期间，要基本解决大型规模畜禽养殖场粪污处理和资源化利用问题。党中央、国务院高度重视畜禽养殖废弃物资源化利用工作，国务院办公厅印发了《关于加快推进畜禽养殖废弃物资源化利用的意见》，农业农村部印发了《畜禽粪污资源化利用行动方案（2017—2020年）》，在全国大力推进畜禽养殖废弃物处理与资源化利用。畜禽粪污资源化的合理利用，关系畜产品的有效供给，关系农村居民生产生活环境改善，关系全面建成小康社会，是促进畜牧业绿色可持续发展的重要举措。

　　山西省畜禽粪污资源化利用工作推进4年来，各级党委、政府按照党中央、国务院和省委、省政府的决策部署，坚持以习近平生态文明思想为指导，坚定不移地践行绿色发展理念，瞄准畜禽粪污综合利用率和规模养殖场粪污处理设施配套率2项目标要求，加强领导，科学规划，精心组织，狠抓落实，取得了阶段性成效。2020年全省畜禽粪污综合利用率和规模养殖场粪污处理设施配套率分别达77%和95%，按期完成国家和省政府目标任务，为"十三五"收官之年画上圆满句号。4年来，山西省以规模养殖场粪污处理设施建设为切入点，通过推广种养结合、农牧循环的发展模式，将畜禽粪便还田利用，变"粪"为"肥"，变"废"为"宝"，不仅为种植户提供了有机质丰富的肥料，增加了养殖户和种植户的经济收入，还有效降低了畜禽养殖对生态环境的污染，村容卫生状况得到了较大改善，使畜牧养殖与生态发展和谐统一，实现了农田生态系统的良性循环，有力推动了山西省生态文明和乡村振兴建设，经济效益和生态效益凸显。

　　为进一步推动畜禽粪污处理和资源化利用，总结各地的畜禽粪污资源化利用典型模式和技术，有效提升基层畜牧技术推广人员、农业工程设计人员、施工建设队伍和管理人员对畜禽粪污处理和资源化利用工艺的应用能力，以及对生产技术指标的分析能力，并扩大建筑设施、工艺设备配套实用技术的推广辐射面，山西省畜牧技术推广服务中心组织高校和相关研究院所专家，就畜禽粪污资源化利用相关规范、规定和标准进行了深入的学习研

究，经过多次会议讨论和实地考察，总结归纳了适于推广的畜禽粪污资源化利用的实用技术，包括源头减量—过程控制—末端利用等关键环节，并编撰了《山西省畜禽粪污处理与资源化利用技术指引》一书，主要内容如下。

山西省畜禽粪污资源化利用情况：包括畜禽粪污资源化利用的背景、工作开展情况、取得成就、典型模式、面临问题和发展方向等。

养殖场粪污处理利用基本思路：包括基本原则、基本要求和无害化处理等。

养殖场粪污处理源头减量技术：包括饲料减量和节水减排技术、清粪系统改造技术及设备配置、雨污分流和污水管网系统设计、畜禽粪便干湿分离技术等。

养殖场粪污处理过程控制技术：包括设施配套必须遵守的国家及行业规范和技术指标与计算、养殖场设计的基本要求、标准养殖规模粪污量及设施配套计算、设施配套方案设计、粪污处理设备及技术参数等。

养殖场粪污资源化末端利用技术：包括粪肥还田、清洁回用和达标排放。

山西省畜禽粪污资源化利用典型案例。

本书所列规范集合了国家现行的关于规模化养殖场畜禽粪污资源化利用设施配套工程中所需的农业、环保、建筑、给排水、电气等多行业技术参数，系统性、针对性强；根据畜禽养殖场设施设备多数为改造的实际情况，配套了不同畜种饮水系统、清粪系统改造的技术要求；并给出堆粪场、发酵车间、沼气处理、农田灌溉配套系统设计图，配有典型实例。本书图文并茂，内容深入浅出，工程措施合理、技术规范并具有典型实用的特点，针对不同畜禽种类、不同养殖规模的粪污处理和利用，因地制宜选择关键技术和模式，可供畜牧行业工作者、科技人员、养殖场经营管理者及工程技术人员学习、借鉴和参考。

在本书编撰过程中，得到了山西省各级畜牧部门、科研院校和部分养殖场的大力支持，在此表示感谢！由于编者水平有限，书中难免有疏漏之处，敬请批评指正。

编　者

2021 年 5 月

目　　录

第一章　山西省畜禽粪污资源化利用情况

第二章　养殖场粪污处理利用基本思路

第三章　养殖场粪污处理源头减量技术

第四章　养殖场粪污处理过程控制技术

第五章　养殖场粪污资源化末端利用技术

第六章　山西省畜禽粪污资源化利用典型案例

第一章

山西省畜禽粪污资源化利用情况

一、畜禽粪污资源化利用背景

近年来，党中央、国务院高度重视畜禽养殖污染治理工作，2014—2016年，国务院颁布实施了《畜禽规模养殖污染防治条例》(国务院令第643号)，先后印发了《水污染防治行动计划》(国发〔2015〕17号)和《土壤污染防治行动计划》(国发〔2016〕31号)，对畜禽养殖污染防治和畜禽规模养殖场粪污的处理利用做了明确要求。2016年，习近平总书记在中央财经领导小组第14次会议上强调"推进畜禽养殖废弃物处理和资源化问题是民生大事，关系6亿多农村居民生产生活环境，关系农村能源革命，关系能不能不断改善土壤地力、治理好农业面源污染，是一件利国利民利长远的大好事"，提出力争在"十三五"时期，基本解决大型规模养殖场粪污处理和资源化问题的要求。2017年国务院办公厅发布《关于加快推进畜禽养殖废弃物资源化利用的意见》(国办发〔2017〕48号)，指出构建种养循环发展机制，鼓励沼液和经无害化处理的畜禽养殖废水作为肥料科学还田利用。确立了到2020年，建立科学规范、权责清晰、约束有力的畜禽养殖废弃物资源化利用制度，构建种养循环发展机制，全国畜禽粪污综合利用率达到75%以上，规模养殖场粪污处理设施装备配套率达到95%以上，大型规模养殖场粪污处理设施装备配套率提前一年达到100%的目标。

二、山西省畜禽粪污资源化利用工作

山西省委、省政府认真贯彻落实党中央和国务院的决策部署，坚持以习近平生态文明思想为指导，坚定不移地践行绿色发展理念，把畜禽粪污资源化利用作为一项重要政治任务。成立了由省政府分管副省长任组长的"山西省畜禽养殖废弃物资源化利用领导小组"，并组建专家团队成立了"山西省畜禽养殖废弃物处理和资源化专家组"。先后出台了《山西省畜禽养殖场和养殖(小区)规模标准》《关于加强对新建规模养殖企业管理的通知》《山西省畜禽粪污处理和资源化利用工作方案(2017—2020年)》等多个文件和工作计划。明确了坚持保供给与保环境并重，坚持政府支持、企业主体、市场化运作的方针，坚持源头减量、过程控制、末端利用的治理路径，以畜牧大县和规模养殖场为重点，以种养结合、循环利用为主要推广模式，以农用有机肥和农村能源为主要利用方向，通过优化区域布局、加强设施建设、加快产业升级、健全制度体系、强化责任落实、完善扶持政策、加大科技支撑、严格执法监管，全面推进畜禽粪污处理和资源化利用的总体思路。确定了"2017—2020年全省畜禽粪污综合利用率分别达到65%、70%、73%、75%以上；规模养殖场粪污处理设施装备配套率分别达到70%、80%、90%、95%以上；大型规模养殖场粪污处理设施装备配套率分别达到80%、90%、100%、100%"的目标。

为了提高畜禽粪污资源化利用率和规模养殖场粪污处理设施装备配套率，全省以畜禽粪污资源化利用项目建设为抓手，通过加大资金扶持，层层压实责任、突出示范引领，推动全省畜禽粪污资源化利用工作。

一是集中各级资金，加大扶持力度。2017—2020年，全省共利用中央和省级财政扶持资金约5.8亿元，累计扶持建设3 000多个畜禽规模化养殖场配套建设粪污处理设施，扶持建设集中处理中心30多个，起到了积极的示范带动作用。

二是列入年度考核，层层压实责任。2017—2020年，全省每年将规模化养殖场畜禽粪污处理设施建设作为省委、省政府考核的重点工作，将建设任务逐级细化量化分解到市、县，全省四年累计完成规模养殖场畜禽粪污处理设施建设任务4 044个。

三是开展整县推进，突出示范引领。2017年以来，全省积极争取国家发改委和农业农村部资金，大力推进高平市、泽州县、太谷区、山阴县、应县五个国家畜牧大县和阳城县、榆次区两个非畜牧大县实施畜禽粪污资源化利用整县推进项目，在大型规模养殖场设施建设、大型沼气工程、有机肥加工、区域性粪污集中处理中心建设等方面取得了较大进展，为全省畜禽粪污处理整县推进起到了示范引领作用。

三、山西省"十三五"时期畜禽粪污资源化利用成就

"十三五"时期，全省各级政府上下齐心，精心组织，狠抓落实，畜禽粪污资源化利用工作稳步推进，畜禽粪污综合利用率和规模化养殖场设施配套率明显提高，种养结合得到广泛推广，技术水平不断提高，经济生态效益显著，为全省生态文明建设和乡村振兴作出了积极贡献。

（一）畜禽粪污资源化利用率明显提高

截至2020年年底，全省畜禽粪污产生量约为6 831万t，畜禽粪污综合利用率达77%，较2017年提高3个百分点。全省形成了规模化养殖场自主处理和还田利用全面推进，集中处理有机肥生产重点突破，大中型沼气适当补充，栽培基质和生物处理等各显特色的山西畜禽粪污处理利用的总格局。

（二）规模养殖场设施配套率大幅提高

截至2020年年底，山西省纳入评估的规模化养殖场数为8 017个，规模化养殖场粪污处理设施，装备配套率达95％，较2017年提高21个百分点；其中大型规模化养殖场粪污处理设施，装备配套率达100％。

（三）种养结合模式广泛推广

根据山西省实际，因地制宜总结提炼出了针对不同区域特点的草食畜粪肥还田、集约型粪肥综合利用、猪果肥生态循环和猪沼菜结合模式。积极推广洪洞县晋丰绿能畜禽粪污集中处理模式和平城区天和牧业、高平市玮源养殖专业合作社、临猗县丰淋牧业、中阳县厚通科技等种养结合模式。2017年，山西省的临猗县丰淋牧业、大同市云冈区四方高科农牧和高平市融生牧业3个企业被农业农村部选为全国种养结合示范基地，种养结合典型模式得到广泛推广。其中，临猗县丰淋牧业的全量还田"丰淋模式"被农业农村部列为十大种养结合优秀案例之一，在全国宣传推广。

（四）技术管理水平全面提升

组织编制了山西省《规模猪场粪污处理设施建设规范》《规模奶牛场粪污处理设施建设规范》《规模肉牛育肥场粪污处理设施建设规范》《规模蛋鸡场粪污处理设施建设规范》《规模肉鸡场粪污处理设施建设规范》5个地方标准，按照"两符合，三分离，四配套，五到位"的规范要求，指导规模养殖场设施建设，为全省做好规模养殖场粪污处理设施新建和改扩建工作起到了积极的技术指导作用；编制了《规模猪场粪水还田技术规程》《畜禽粪污沼渣基质制备技术规程》《设施蔬菜畜禽粪污沼渣沼液施用技术规程》《禾谷作物施用畜禽粪污沼液技术规程》《果园施用畜禽粪污沼液技术规程》《规模养殖场粪污处理监测技术规范》6个山西省地方标准，为种植户科学合理施用粪肥，促进全省种养结合发展提供技术支撑；制定畜禽粪污集中处理中心建设标准规程，示范引导规模场和散养户在畜禽粪污就地就近还田利用的基础上进行集中收集和处理，粪污全量还田、粪便好氧堆肥、粪污厌氧处理和粪水肥料利用等技术模式在全省普遍推广，畜禽粪污处理和资源化利用技术管理水平得到全面提升。

（五）经济效益和生态效益显著

通过以规模化养殖场粪污处理设施建设为切入点，大力推广种养结合、农牧循环的发展模式，将畜禽粪便还田利用，变"粪"为"肥"，变"废"为"宝"，实现了畜禽粪污就地就近消纳，区域内种养基本平衡，不仅为种植户提供了有机质丰富的肥料，增加了养殖户和种植户的经济收入，还有效降低了畜禽养殖对生态环境的污染，村容卫生状况得到了较大改善，使畜牧养殖与生态发展和谐统一，有力推动了山西省生态文明和乡村振兴建设，经济和生态效益凸显。

四、山西省畜禽粪污资源化利用典型模式

根据山西省南北跨度大，气候差异明显的特点，探索总结出4种适合不同地域的粪污处理模式。

（一）雁北地区草食畜粪肥还田、种养结合模式

针对山西北部雁门关区牛羊养殖量大、人均耕地多、土地承载力大、气温偏低特点，重点推广牛羊养殖与种草、温室大棚种菜相结合的模式。如大同四方高科农牧有限公司的牛粪垫料回用模式、应县奶牛养殖+启高有机肥+大蒜种植模式、山阴县奶牛养殖+食用菌+草莓种植模式都各具特色。

（二）晋中地区城郊集约型粪肥综合利用模式

针对太原市、晋中市等城郊畜牧业土地面积少、土地承载力小、集约化程度高的特点，重点推广山西五丰养殖种植公司的生猪养殖+太阳能异聚态沼气改造+发电并网模式、太谷区生猪养殖+经纪人+果菜还田模式等。

（三）晋南地区猪果生态循环、种养结合模式

针对运城、临汾等地是全国水果产区，水果种植面积大，需肥量大，果品质量要求高的特点，重点推广临猗县丰淋牧业公司的生猪尿泡粪+粪肥二次发酵+网管输送还田+果树种植粪尿全量还田模式。

（四）晋东南地区猪沼菜结合、农牧循环模式

针对长治、晋城等地生猪养殖量大，气候温暖湿润，沼气生产运行效果好的特点，重点推广上党区洁思养殖有限公司的生猪养殖+沼气工程+有机肥生产+蔬菜种植模式。

五、面临问题

一是规模化以下养殖场监管治理难。规模化以下养殖场，特别是早期建造的养殖场，缺乏规划，选址、栏舍建设都具有很大的随意性，场址与布局建设不合理。散养户布局相对分散，点多面广，无动物防疫条件合格证，养殖数量不稳定，对此类养殖场

（户）的监管、规范没有具体法律依据和政策规定，造成监管难、治理难。

二是种养结合程度不高。大部分规模化养殖场养殖规模与配套土地的种植规模不匹配，或是养殖与种植主体分离，搞种植的不养殖，搞养殖的不种植，造成了依靠养殖场自身实现粪污消纳比较困难。再加上畜禽粪污还田设施短缺、利用渠道不畅、社会化服务组织发展滞后，以及施肥季节限制和施用不便等影响，使规模化养殖场粪肥利用与种植户农家肥需求没有有效衔接，种养结合、农牧循环链条尚未全面形成。

三是技术支撑服务较薄弱。前些年技术推广主要为良种培育、饲料配比、饲养管理、疾病防治等，畜禽粪污处理利用主要关注点是过程控制和末端利用环节，在控源减排、清洁生产、无害化处理、还田粪肥检测等技术方面，研究推广相对薄弱，畜禽养殖污染监测和治理的标准、方法、技术难以满足需要，基层工作人员日常具体指导服务还不能得心应手。

六、发展方向

一是深化种养结合发展。以粪污无害化处理、粪肥全量还田为重点，坚持依法治理、以用促治、利用优先，加快推进种养结合，促进畜禽粪污还田利用。根据环境容量和土地承载力，科学规划布局，统筹安排种养发展空间，明确粪肥利用的目标、途径和任务，加强种养结合发展指导。推行规模养殖场畜禽粪肥还田利用台账管理，引导实现养分平衡。推广经济高效、灵活多样的种养结合模式，引导养殖场户配套种植用地，拓宽粪肥利用渠道，扩大粪肥经纪公司、经纪人队伍，调动种植户使用粪肥积极性，形成有效衔接、相互匹配的种养业发展格局。

二是加强科技支撑。开展畜禽粪污轻简化处理利用技术和畜禽粪肥施用关键技术装备协作攻关，推广滴灌施肥、机械深施等农机农艺相融合的高效施肥技术。围绕防止臭气产生和控制臭气扩散两方面，从调控饲料、科学养殖、除臭处理、合理施用等方面加强研究攻关。推广使用节水式饮水器，建设漏缝地板、舍下储存池、自动清粪、雨污分流等设施，减少粪污产生总量。推广圈舍气体净化、粪污覆盖储存等技术控制气体排放。推广低蛋白日粮技术标准，降低畜禽养殖氮排泄量。严格规范饲料添加剂和兽药的生产和使用，推进铜、锌等矿物质微量元素类饲料添加剂减量使用，推进兽用抗菌药使用减量化行动。

三是开展畜禽粪污处理监测。规范养殖场粪污消纳还田，开展规模化养殖场粪肥还田监测，确保粪便、污水处理达到粪肥还田指标要求，安全施用农田。开展畜禽养殖中高风险抗生素及消毒剂在蔬菜中累积风险及消控技术评估，分析畜禽粪污中抗生素迁移消减规律，抗生素和消毒剂对土壤环境和农产品安全的影响，提出畜禽养殖废弃物产品中抗生素标准和管控措施制定建议。组织开展畜禽粪污重金属、抗生素残留监测，根据相关标准，科学评估畜禽粪肥利用安全风险。

第二章

养殖场粪污处理利用基本思路

规模化养殖场粪污处理利用要以源头减排，预防为主；种养结合，利用优先；因地制宜，合理选择；全面考虑，统筹兼顾的基本思路，按照减量化、资源化、无害化的原则，通过源头减量、过程控制和末端利用的治理路径实现畜禽粪污资源化利用。规模化养殖场建设粪污处理设施要达到"两符合，三分离，四配套，五到位"的基本要求，粪污要按照国家标准规范进行无害化处理且达到有关指标要求才能还田利用。

一、基本原则

《中华人民共和国固体废物污染环境防治法》中规定"固体废物污染环境防治坚持减量化、资源化、无害化的原则"。减量化是指在生产、流通和消费等过程中减少资源消耗和废物产生，以及采用适当措施使废物量减少（含体积和重量）的过程。资源化是指将废物直接作为原料进行利用或者对废物进行再生利用，也就是采用适当措施实现废物的资源利用过程。无害化是指在垃圾的收集、运输、储存、处理、处置的全过程中减少以至避免对环境和人体健康造成不利影响。畜禽粪污作为养殖废物在处理利用过程中也要坚持减量化、资源化、无害化的原则。

（一）源头减量

严格执行清洁生产要求，从源头着手，采用科学饲养方法减少污染物产生量。推广使用微生物制剂、酶制剂等饲料添加剂和低氮低磷低矿物质饲料配方，提高饲料转化效率，促进兽药和铜、锌饲料添加剂减量使用，降低养殖业排放。引导生猪、奶牛规模化养殖场改水冲粪为干清粪，采用节水型饮水器或饮水分流装置，实行雨污分离、回收污水循环清粪等有效措施，从源头上控制养殖污水产生量。粪污全量利用的生猪和奶牛规模化养殖场，采用水泡粪工艺的，应最大限度降低用水量。

1.改进营养配方

目前，大多数饲料使用中存在营养过剩的问题。研究表明，动物饲粮中氮和磷分别只有20%~50%和20%~60%能够沉积到体内，其余部分通过尿的形式排出体外；金属成分中只有5%~15%能被机体吸收，大部分排泄到环境中。因此，通过科学合理的饲粮配制技术可以从根源上减少氮、磷养分及重金属成分的过量排放。

2.改进生产工艺

规模化畜禽养殖场粪污源头减量是指采用新工艺、新技术、新材料、新设备等，从畜禽养殖场粪污产生的源头（如粪尿量、冲洗水、饮用水等）入手，尽量减少其产生和排放量，实施总量减排的措施。从而减轻后续粪污处理利用压力，减少粪污处理和资源化利用用地及资金投入。

（1）雨污分流。根据养殖场坡度建立雨水、污水收集管网系统，实现雨污分流。雨水采用明沟收集；污水通过暗沟（管）输送，采取防渗防漏等措施，在每个转向处设置沉淀检查井。采用刮粪板干清粪工艺的养殖场，在刮粪板出粪口上方应设有挡雨棚或盖板。通过雨污分流可以减少养殖场污水10%~15%。

（2）干湿分离。在消纳土地有限的条件下，推荐采用污水产生量少的干清粪工艺，实现干湿分离。水冲粪工艺用水量大，不仅造成水资源浪费，而且因污水产生量大，产生污水中污染物浓度高，处理和利用难度大、成本高。研究表明，水冲粪工艺进入水体的COD、BOD、总固形物、氨氮、总悬浮物、总氮、磷浓度分别是干清粪工艺的1.37倍、1.87倍、1.74倍、1.98倍、1.44倍、1.6倍、2倍；同水冲粪工艺相比，干清粪工艺可减少污水排放量60%~70%。

（3）饮水减量。养殖场饮水器类型和饮水管理对污水排放量影响较大。调研发现，采用干清粪工艺的养殖场，30%左右存在用水量严重偏高，超量用水现象普遍，同时对规模化生猪养殖场的饮水设备进行抽样调查分析，采用鸭嘴式和乳头式饮水器的占比高达81%，该类饮水器一方面造成大量的水资源浪费，增加污水产生量，后期处理难度偏大；另一方面溢流的水造成圈舍潮湿，易滋生细菌，进而导致生猪免疫力降低。应根据不同畜禽品种、生产阶段选择合适的饮水器，可更换鸭嘴式饮水器为碗式或虹吸式饮水器，防饮水浪费及外流；饮水器的安装高度和水压应符合规定要求；加强饮水管理，及时维修和更换损坏的管道、饮水器。

（4）其他措施。养殖场应严格执行国家有关夏季、冬季用水限量规定。积极引进先进养殖设备，多途径、多举措节约养殖场用水。可将夏季降温方式由传统的喷水降温改为湿帘通风降温。采用人工干清粪的，水泥地面上的粪，应尽可能清理干净，用水冲洗应尽量节约，改水管直接冲洗为高压水枪冲洗。高床养殖需要冲洗的可改为拖把擦洗，或用高压雾化性好的水枪冲洗。

（二）过程控制

规模化养殖场根据土地承载能力确定适宜养殖规模，建设必要的粪污处理设施，使用堆肥发酵菌剂、粪水处理菌剂和臭气控制菌剂等，加速粪污无害化处理过程，减少氮磷和臭气排放。

1. 粪便的收集

新建、扩建和改建畜禽养殖场和养殖小区应采用先进的清粪工艺；避免畜禽粪便与冲洗等其他污水混合，减少污染物排放量，已建的养殖场和养殖小区要逐步改进清粪工艺。畜禽粪便收集、运输过程中必须采取防扬撒、防流失、防渗漏等环境污染防治措施。

2. 粪便的储存

畜禽养殖场产生的畜禽粪便应设置专门的储存设施。液体和固体废弃物储存设施分别设置，畜禽粪便储存设施位置必须距离地表水体400m以上。周围应设置明显标志和围栏等防护措施保证人畜安全。

储存设施必须有足够的空间来储存粪便。在满足最小储存体积条件下设置预留空间，一般在能够满足最小容量的前提下将深度或高度增加0.5m以上。对固体粪便储存设施其最小容积为储存期内粪便产生总量和垫料体积总和；对液体粪便储存设施最小容积为储存期内粪便产生量和储存期内污水排放量总和。对于露天液体粪便储存时，必须考虑储存期内降水量。采取农田利用时，畜禽粪便储存设施最小容量不能小于当地农业生产使用间隔最长时期内养殖场粪便产生总量。

畜禽粪便储存设施必须进行防渗处理，防止污染地下水；并采取防雨（水）措施；储存过程中不应产生二次污染，其臭气及污染物排放应符合《畜禽养殖业污染物排放标准》（GB 18596—2001）的规定。

（三）末端利用

畜禽粪污是良好的有机肥源，肥料化利用是世界各国处理畜禽粪污最常用的方法。发展种养结合，粪便通过还田替代化肥，能减少农业面源污染，降低种植与养殖的生产成本，达到种植增收、养殖增效的目的，也是实现农业绿色发展的关键。

肉牛、羊和家禽等以固体粪便为主的规模化养殖场，鼓励进行固体粪便堆肥或建立集中处理中心生产商品有机肥；生猪和奶牛等规模化养殖场鼓励采用粪污全量收集还田利用和"固体粪便堆肥+污水肥料化利用"等技术模式，推广快速低排放的固体粪便堆肥技术和水肥一体化施用技术，促进畜禽粪污就近就地还田利用。

畜禽粪污提倡就近就地利用，实现区域种与养的合理搭配、协调发展。不仅如此，由于农业生产中的肥料使用具有季节性，应有足够的设施对非施肥季节的液体肥料进行储存。对液体肥料的农业利用，要制订合理的规划，并选择适当的施用技术和方法，既要避免施用不足导致农作物减产，也要避免施用过量而给地表水、地下水和土壤环境带来污染，实现养殖粪污资源化与环保效益双赢。

二、基本要求

为切实加强畜禽粪污资源化利用各个环节的监管，提出规模养殖场粪污处理设施建设要达到"两符合，三分离，四配套，五到位"的基本要求。即符合土地承载能力，符合选址和布局要求；固液粪污分离，雨水污水分离，净道污道分离；配套固体粪便堆储池，配套液体粪污储存处理设施，配套粪污管网还田系统系统或粪污运输车，配套粪污消纳土地或与有机肥厂签订协议；节水措施到位，粪污清运到位，处理技术到位，出场记录到位，设施运行到位。

（一）两符合

1.符合土地承载能力

畜禽粪污资源化利用需符合区域内畜禽粪污的土地承载力，若粪肥还田的量在承载力范围内，对土壤来说起到改良和促进作用，反之若超过了土地的承载力，那么粪肥对土地来说就成了污染物，将破坏土壤结构和成分，危害农作物生长。因此养殖场周边须有足够的土地面积来消纳粪肥。

畜禽粪污的土地承载力及规模化养殖场配套土地面积测算以粪肥氮养分供给和植物氮养分需求为基础进行核算，具体测算方法可参见农业农村部制定的《畜禽粪污土地承载力测算技术指南》。对于设施蔬菜等农作物为主或土壤本底值磷含量较高的特殊区域或农用地，可选择以磷为基础进行测算。畜禽粪肥养分需求量根据土壤肥力、农作物类型和产量、粪肥施用比例等确定。畜禽粪肥养分供给量根据畜禽养殖量、粪污养分产生量、粪污收集处理方式等确定。

2.符合选址和布局要求

《畜禽养殖业污染物排放标准》（GB 18596—2001）、《畜禽养殖业污染防治技术规范》（HJ/T 81—2001）等标准中对畜禽养殖场污染物排放和处理设施的建设进行了详细规定。

畜禽粪污处理设施或工程不得在以下区域建设：

（1）生活饮用水水源保护区、风景名胜区、自然保护区的核心区及缓冲区。

（2）城市和城镇中居民区、文教科研区、医疗等人口集中区。

（3）县级人民政府依法划定的禁养区。

（4）国家或地方法律、法规规定需特殊保护的其他区域。

作为畜禽养殖中污染程度最高、生物危险性最大的环节，其在畜禽养殖场中的布局应位于养殖生产区的常年下风向、地势低洼处，处理区域须单独设置出入大门。

(二)三分离

"三分离"是控制粪污总量,实现粪污"减量化"最有效、最经济的方法。

1.固液粪污分离

对干清粪过程所收集的畜禽粪便再次脱水,获得含水率更低的粪渣(含水率一般可达65%以下),便于再利用;分离出来的粪水收集后进行发酵处理。

2.雨水污水分离

将雨水和养殖场所排污水分开收集的措施。雨水可采用沟渠输送,污水采用管道输送,养殖场的污水收集后进行发酵再处理。

3.净道污道分离

净道是指供健康畜禽周转、人员进出、运送饲料的专用通道。污道是指畜禽粪便和病死、淘汰出栏畜禽出场的通道。场区内净道与污道应严格分开。

(三)四配套

1.配套固体粪便堆储场

固体粪便堆储场适用于干清粪或固液分离处理后的固态粪便储存。一般建在畜禽养殖场的下风向,远离畜禽舍;堆粪场的大小根据养殖规模和储存时间而定,用作肥料还田的,应综合考虑用肥的季节性变化,以用肥淡季和高温季节为基础,设计和建造足够容量的堆粪场。具体设计标准应符合《畜禽粪便贮存设施设计要求》(GB/T 27622—2011)。

2.配套液体粪污储存处理设施

液体粪污储存处理设施应满足防渗、防雨、防溢流等要求,一般设在地势较低的地方,容积及数量根据饲养数量、饲养周期、清粪方式及粪水储存时间来确定。污水池分地下式、地上式(半地上式)2种形式。具体设计标准应符合《畜禽养殖污水贮存设施设计要求》(GB/T 26624—2011)。

3.配套粪污管网还田系统或粪污运输车

粪污的收集、运输途径一般分为2种,即粪污车和管网还田。粪污车通过罐车输送到农田进行施肥,罐车可自吸自排,工作速度快,容量大,运输方便,操作简单,适用于规模较小的养殖场沼液还田或者需肥地块距离较远的地块;管网还田需一次性投资,但具有使用时间长、便于管理等优点,管道铺设完成后能够更好地按农作物的需肥情况进行施肥,养殖场自建施肥管网可以采用"污水潜水泵+压力罐+固定管道+预留口"

的方式将粪肥输送到农田，需要使用时通过软管与预留口连接进行施肥。

4.配套粪污消纳土地或与有机肥厂签订协议

为明确粪肥去向，落实主体责任，确保养殖企业产生的粪污能达到全量处理和利用，把种植业和养殖业紧密结合在一起，养殖场规划建设必须明确粪污产生量、储存方式和容积、购买、租用土地或与其他种植业主或粪肥生产企业签订施用合同或粪污购买合同，保证粪污有足够的土地进行消纳及合法的去向，构建"就地就近全量还田＋专业化处理利用"模式，进一步打通畜禽粪污资源化利用的"最后一公里"。

（四）五到位

1.节水措施到位

通过推广标准化规模化养殖，建设自动喂料、自动饮水、环境控制等现代化装备，推广节水、节料等清洁养殖工艺和干清粪、微生物发酵等实用技术，实现源头减量，减少畜禽粪污产生量。

2.粪污清运到位

粪污及时清运能有效减少畜禽疾病与传播，提升畜禽质量；改善畜禽生活环境质量，提高畜禽养殖效率；减少畜禽粪污对当地环境的污染。不同畜种选择适用的清粪方式，做到定时定点，日产日清。

3.处理技术到位

畜禽粪污处理分为固体堆肥、全量还田、肥料化利用、能源化利用、达标排放等多种方式，无论选择哪种模式，必须严格控制处理流程，满足出水水质要求或者发酵时限、温度等条件，确保粪污充分处理。

4.出场记录到位

为明确粪肥去向，确保畜禽粪污资源化利用不超过区域内的土地承载力，避免造成环境污染，粪污出场一定要记录到位。

5.设施运行到位

为避免"二次污染"，同时提高畜禽粪污资源化利用效率，要确保各类设施正常运行、粪污无抛洒、无外排、全部被利用。

三、无害化处理

畜禽粪便无害化处理就是利用高温、厌氧、好氧等技术杀灭畜禽粪便中的病原菌、虫卵和杂草种子的过程。

（一）无害化处理的基本要求

无害化处理的方法有生物发酵处理、日光自然干燥和高温快速干燥。具体要求如下。

固体粪便还田前要进行无害化处理，要充分腐熟并杀灭病原菌、虫卵和杂草种子。禁止未经无害化处理的畜禽粪便直接施入农田。畜禽粪便经过堆肥处理后必须达到《畜禽粪便无害化处理技术规范》（GB/T 36195—2018）的卫生学要求。

畜禽固体粪便宜采用条垛式、机械强化槽式和密闭仓式堆肥等技术进行无害化处理，养殖场、养殖小区和畜禽粪便处理场可根据资金、占地等实际情况选用；采用条垛式堆肥，发酵温度保持在45℃以上，不少于14d；采用机械强化槽式和密闭仓式堆肥时，保持发酵温度保持在50℃以上，不少于7d，或发酵温度保持在45℃以上，不少于14d。

生产商品有机肥、生物有机肥、有机复合肥其卫生学要求并严格执行下列技术标准或规范：

GB 18596—2001《畜禽养殖业污染物排放标准》；

GB/T 25246—2010《畜禽粪便还田技术规范》；

NY/T 2065—2011《沼肥施用技术规范》；

GB/T 26622—2011《畜禽粪便农田利用环境影响评价准则》；

NY/T 2374—2013《沼气工程沼液沼渣后处理技术规范》；

NY/T 525—2021《有机肥料》；

GB 5084—2021《农田灌溉水质标准》；

NY/T 3442—2019《畜禽粪便堆肥技术规范》；

GB 18877—2009《有机－无机复混肥料》。

污水经无害化处理应严格按照以下标准执行：液态畜禽粪便可以选用沼气发酵、高效厌氧、好氧、自然生物处理等技术进行无害化处理。处理后的上清液和沉淀物应实现农业综合利用，避免产生二次污染。处理后符合（GB 5084—2021）的卫生要求。处理后的上清液作为农田灌溉用水时，应符合（GB 5084—2021）的规定。处理后的污水直接排放时，应符合（GB 18596—2001）的规定。进行农田利用时，应结合当地环境容量和农作物需求进行综合利用规划。

利用无害化处理后的畜禽粪便生产商品化有机肥和有机－无机复混肥，须分别符合（NY/T 525—2021）和（GB 18877—2009）的规定。制取其他生物质能源或进行其他类型的资源回收利用时，应避免二次污染。

（二）无害化处理指标要求

1. 水污染物最高允许日均排放浓度

五日生化需氧量BOD_5：150mg/L；

化学需氧量COD：400mg/L；

悬浮物SS：200mg/L；

氨氮NH_3-N：80mg/L；

总磷TP：8.0mg/L；

粪大肠菌群数：1 000个/100mL

蛔虫卵：2.0个/L。

2. 粪便堆肥无害化卫生学要求

蛔虫卵：死亡率≥95%；

粪大肠菌群数：≤10^5个/kg；

苍蝇：有效地控制苍蝇滋生，堆体周围没有活的蛆、蛹或新羽化的成蝇。

3. 液态粪便厌氧无害化卫生学要求

寄生虫卵：死亡率≥95%；

血吸虫卵：在使用粪液中不得检出活的血吸虫卵；

粪大肠菌群数：常温沼气发酵≤10^5个/L，高温沼气发酵≤100个/L；

蚊子、苍蝇：有效地控制蚊蝇滋生，粪液中无孑孓，池的周围无活的蛆、蛹或新羽化的成蝇；

沼气池粪渣：达到粪便堆肥无害化卫生学要求后方可用作农肥。

4. 恶臭污染物排放指标

臭气浓度（无量纲）：标准值70。

第三章

养殖场粪污处理源头减量技术

　　源头减量在畜禽粪污资源化利用中是非常重要而有效的环节，是指在畜禽养殖整个生产过程中预防和控制所产生的污染物新增量，使得污染物总量减少，对整个生产过程进行全方位的综合治理，把畜禽生产过程中所产生的污染物总量控制在污染源处的环保措施。源头减量既能减少养殖过程中有用物质和能量的浪费，又能减少畜禽粪污产生的污染物及治理污染物所需的费用，不仅可降低生产成本，而且产生的畜产品可获得绿色标志，增加市场竞争力，也是企业提高经济效益的重要途径。

　　养殖源头减量技术措施包含饲料减量、节水减排、清粪系统改造、雨污分流和污水管网系统设计，以及畜禽粪便干湿分离等方面。

一、养殖饲料减量技术

　　畜禽粪便富含氮和磷营养元素，主要有2个来源，即饲料中未消化的氮磷及畜禽自身代谢排出的氮磷。氮、磷减量是通过饲料源头控制饲料中粗蛋白水平和无机磷添加量，并提高畜禽对粗蛋白和植酸磷的消化利用，以此降低粪便中氮磷的排出量。

（一）饲料减量基本原则

1.提高畜禽生产水平，减少单位产品饲料消耗量

　　畜禽生产单位产品所需的氮、磷量随着其生产水平的提高而降低。可以通过选取优良畜禽品种，提高生产性能和出栏率；优化畜群结构，增加高产个体数量，淘汰低产低效个体；加强生物安全水平，提高成活率，降低死淘率等措施实现。

2.精准实施畜禽营养调控，提高氮磷利用率

　　对饲料原料粗蛋白、有效氨基酸、磷以及微量元素的现场检测，实现日粮营养合理配比，提高饲料养分利用效率；设定不同畜禽日粮氮磷等营养元素的上限水平，防止过量添加和使用。

3.科学划分饲养阶段，合理饲养

　　根据畜禽的品种、性别、生长速度、发育阶段、生产水平及生理特点等因素对畜禽进行精细化科学饲养，按需要随时调整饲料配方，实现营养供给的动态化调整；按需添加酶制剂来提高畜禽对饲料的消化率和吸收率，减少粪便中未消化吸收养分的排放，从而提高饲料养分利用效率，减少氮磷的排放。

（二）氮减量技术

畜禽对饲料中蛋白质的需要实质是对氨基酸的需要，根据氨基酸能否在体内合成，氨基酸被分为必需氨基酸（畜禽体内无法合成，需依赖饲料中提供的氨基酸）和非必需氨基酸（畜禽体内可利用碳水化合物和含氮物质合成）。畜禽日粮中主要缺乏的是必需氨基酸，需要较高的日粮粗蛋白水平才能满足畜禽必需氨基酸的需求，所以在不影响畜禽生产性能的同时，通过降低饲料粗蛋白水平，适当额外补充畜禽生长所需的必需氨基酸，就可以有效地减少粪便中氮的排放量。

1. 生猪饲料氮减量

饲料中蛋白质及氨基酸水平是猪生长和氮减量的重要因素，为减少氮的排放量，最为直接有效的措施就是在饲料中可利用氨基酸水平平衡的前提下减少饲料中粗蛋白水平，添加必需氨基酸。饲料中粗蛋白水平每降低1个百分点就可减少8%左右的总氮排放量，而不影响猪的生长生产。

（1）仔猪（9~20kg体重阶段），将饲料粗蛋白水平从20.3%降低到17.3%，同时补充赖氨酸、蛋氨酸、苏氨酸和色氨酸等必需氨基酸则不影响其生长，并且氮的减排量显著减少。

（2）生长肥育猪（25~60kg生长阶段），将饲料粗蛋白水平从16.1%降到14.6%，同时补充添加功能性添加剂（半乳甘露寡糖、壳寡糖、稳定性半胱胺、酶制剂等），可减少粪中氮排放量的1/4，并对猪的肥育性能无不良影响。

（3）玉米豆粕型肥育猪饲料粗蛋白水平从商品猪料的16%降低到13%不影响肥育性能，但粪氮减量了28%；60~90kg育肥猪无豆粕饲料时，将蛋白水平从13%降低到11%~12%，猪粪尿氮排量明显减少。猪饲料中杂粕比例较高，饲料蛋白消化率低，粪氮排放量大，因此，补充必需氨基酸，降低饲料粗蛋白水平，就可以降低氮排放量，与此同时，也能降低猪粪臭味物质的含量。

2. 鸡饲料氮减量

（1）蛋鸡。以目前普遍采用的蛋鸡饲料粗蛋白水平（16% CP）为基础，降低饲料粗蛋白含量2%~3%，同时补充晶体氨基酸后，使其必需氨基酸含量保持在正常营养水平，与常规营养水平饲料相比，13%的日粮粗蛋白水平对蛋鸡的生产性能没有显著影响，预期蛋鸡氮排泄量可降低10%以上。

（2）肉鸡。我国优质蛋白饲料匮乏，在可消化氨基酸平衡的前提下，通过应用低蛋白饲料配制技术来降低肉鸡粪尿中氮的排放，是一套可行的技术措施。将肉鸡饲料蛋白水平降低2~3个百分点，通过平衡必需氨基酸含量，在不影响肉鸡生长速度的前提下可降低氮的排放。此外，多种饲用酶制剂都有提高肉鸡蛋白质消化率的作用，尤其能提高杂粕等低档替代性原料蛋白质消化率，抵消因杂粕替代豆粕导致的蛋白质消化率降低的问题，此途径也可以减少肉鸡的氮排放量。

3. 奶牛饲料氮减量

奶牛生产中日粮25%~35%的氮转化为乳蛋白，其余通过粪尿排出。提高瘤胃微生物合成效率，利用瘤胃保护性蛋氨酸和赖氨酸平衡日粮氨基酸，适当降低日粮蛋白质水平，提高过瘤胃蛋白比例和日粮蛋白质利用效率，均可以减少奶牛粪尿中氮的排放量。

奶牛氮减排措施可归纳为以下几个方面。

（1）降低奶牛日粮中性洗涤纤维（NDF）水平，适当增加淀粉比例。可以提高瘤胃微生物对氮的利用率，并得到与低蛋白日粮相似的效果。

（2）降低瘤胃可降解蛋白质水平并避免使用高蛋白日粮。定期监测牛奶中尿素氮的水平，可以判断日粮蛋白质供应是否过量。牛奶中尿素氮正常值为0.14~0.16mg/mL，如果高出这一范围，则说明牛日粮蛋白质水平可能偏高。当日粮粗蛋白水平超出奶牛的营养需要，多余的氮素就会消化代谢掉，粪尿中氮排泄量就会增加。

（3）在日粮中使用保护性氨基酸，促进微生物蛋白的合成，使微生物所需要的部分氮由氨基酸提供，以降低氮排量。

（三）磷减量技术

畜禽体内的磷来源于饲料中所含磷的消化吸收，而谷物类饲料中，50%~85%的磷以植酸盐的形式存在，对于畜禽消化系统内缺乏植酸酶，以植酸磷形式存在的磷源无法得到有效利用。因此畜禽饲料中需要添加大量无机磷，以满足畜禽生长和生产的需要，从而导致了无法消化利用的植酸磷随着粪便排出，造成污染。所以需要合理减少畜禽饲料无机磷水平的添加量，增加外源相应植酸酶的量，以提高畜禽对植酸磷的利用率，达到降低磷排放的目的。

1. 生猪饲料磷减量

在猪饲料磷的减量方面，植酸酶的开发和应用已经收到良好的效果。一般而言，饲料中添加植酸酶可以使猪粪尿中磷的排泄量减少20%~50%，植酸酶和有效磷的当量换算关系是1U植酸酶相当于2~4mg有效磷。

（1）一般仔猪阶段添加植酸酶500U/kg，生长猪阶段添加植酸酶300U/kg，肥育期阶段添加植酸酶250U/kg，均可降低日粮中0.1个百分点的非植酸磷。

（2）添加植酸酶的情况下还必须保证非植酸磷（或有效磷）含量，以免影响猪的生长。其中仔猪（断奶至20kg）为0.20%，生长猪（20~80kg）为0.15%，肥育猪（80kg

至出栏）为0.10％。

2.鸡饲料磷减量

我国鸡饲料的绝大部分为植物性原料，而植物性饲料原料中总磷的利用率较低，有效磷仅为总磷的1/3，大部分磷随粪便排出体外，并且无机磷的利用率也不是100％，导致大量的磷排放到环境中造成污染。因此采用添加植酸酶的方法提高植酸磷的利用率，降低无机磷的添加水平，实现磷排放减少的效果。

（1）肉鸡按照2个阶段饲养，生长前期添加非植酸磷的含量为0.35％，钙为0.95％，生长后期添加非植酸磷的含量为0.30％，钙为0.72％，在前后期饲养过程中同时添加1 000FTU/kg植酸酶，可降低磷排放25％以上。如使用高比例杂粕需添加非淀粉多糖酶、纤维酶和蛋白酶或复合酶产品，可提高养分消化率，降低磷排放。

（2）在蛋鸡日粮中植酸酶的添加量一般在300~500U/kg。在保证良好生产水平的前提下（产蛋率、日产蛋量和饲料报酬），植酸酶添加量为150FTU/kg、300FTU/kg、400FTU/kg，饲料对应的无机磷添加水平分别为0.18％、0.15％和0.14％，与常规营养水平饲料（有效磷含量0.40％）相比，无机磷添加量减少55％以上，磷的排放量也随之相应减少。

3.奶牛饲料磷减量

奶牛饲料磷减量的最有效的措施是在满足奶牛磷营养需要的前提下，降低日粮磷水平。高产奶牛日粮干物质中磷含量应不超过0.36％~0.38％，日粮中0.35％的磷水平即可以满足日产奶25~30kg的泌乳牛的生产需要。植物性饲料中的植酸磷在奶牛瘤胃内被降解，降解率在70％以上。因此，提高奶牛饲料磷利用效率的方法是提高瘤胃微生物发酵的特性，在奶牛全混合日粮（TMR）中添加外源植酸酶（2 000~6 000U/kg DM）也可以提高磷的利用率。

（四）重金属减量

与饲料有关的重金属主要来源于饲料原料和额外添加的微量元素。微量元素对维持动物的新陈代谢、生长发育、免疫功能等方面具有重要作用，是动物必需的重要营养物质。一般认为，饲料中的微量元素不能满足动物需要，因此通常在饲料中添加铜、锌、铁、锰等。但动物对微量元素尤其无机微量元素的利用率不高，大部分随粪尿排出，造成土壤中重金属污染，其中铜和锌属于限制排放的重金属元素。

1.猪饲料重金属减量

在饲料中添加高剂量的锌、铜可预防断奶仔猪腹泻、促进采食和生长，因此，高锌和高铜饲料的应用比较普遍。由于这些微量元素在动物体内生物效应低，大部分经粪尿排出体外，高锌饲料中锌通过猪粪的排泄率高达98％以上，高铜的总排泄率也高达87％～96％，长期用高铜高锌猪粪作为肥料，会使农田铜锌大幅超标。农业农村部在《饲料添加剂使用规范》中规定了铜和锌的限量，但从重金属减量方面考量，该规定的仔猪饲料中仍然是高铜高锌的用法，我们只需在饲料中补充少量的铜锌满足动物生产生长即可。

猪饲料中重金属减量主要措施如下。

（1）根据生猪生长特点，合理配制添加铜、锌需要量。仔猪、中猪、大猪和种猪配合饲料或全混合日粮中铜的最高限量（以元素计）分别为200mg/kg、150mg/kg、35mg/kg和35mg/kg；配合饲料或全混合日粮（TMR）中以硫酸铜和碱式氯化铜的形式提供铜元素的推荐添加量（以元素计）分别是3~6mg/kg和2.6~5.0mg/kg。在配合饲料或全混合日粮中，锌的最高限量（以元素计）除断奶仔猪是2 250mg/kg外，其余均限量150mg/kg；以硫酸锌、氧化锌和蛋氨酸锌络合物的不同形式提供锌元素，在配合饲料或全混合日粮中的推荐添加量（以元素计）分别为40~110mg/kg、43~120mg/kg和42~116mg/kg。由于不同生长阶段生猪对铜、锌等微量元素的需求量不同，因此需要按照生猪在该阶段的生理特点和营养需求来制订饲料配方，以求最大限度减少饲料中铜、锌等微量元素的添加量，来降低粪尿中铜锌的排泄量，减少重金属对环境的污染。

（2）应用有机微量元素产品减少微量元素添加量。无机源形式的铜、锌会在生猪肠道发生解离，与其他物质结合，降低生物利用率。有机源形式的铜、锌为金属络合物和螯合物，它能利用配位体转运系统吸收，氨基酸和蛋白质的络合物可以通过肠黏膜进入血液，大大提高了元素的利用率。因此在猪饲料中推广和应用有机形式的铜、锌，可以在生长性能不受影响的前提下，最大限度地降低铜、锌的添加量，是实现生猪粪便铜、锌减排的有效措施之一。试验表明，以50％剂量的有机微量元素替代无机微量元素可达到相同的促生长效果，却可使猪粪中锌、铜分别降低了51.78％、21.71％。

（3）在饲料中使用促生长铜、锌添加剂的替代物。可在生猪饲料中添加酶制剂、益生元、植物提取物、酸化剂等新型饲料添加剂，替代起促生长作用的铜、锌添加剂，新型饲料添加剂可降低饲料中对铜、锌的使用量，从而减少养猪生产中铜、锌的排放量，以减少重金属对环境土壤的污染。

2.鸡饲料重金属减量

鸡饲料原料中含有的微量元素不能满足鸡的需要，因此，通常要在饲料中添加铜、铁、锰、锌、硒和碘等微量元素，大量的添加导致饲料中微量元素超标，增加重金属的排放。

（1）肉鸡饲料重金属减量。肉鸡养殖的铜、锌污染主要和大量添加有关，铜、锌的添加能够提高养殖效益，改善羽毛色泽，促进肉鸡的生长，过量添加这两种元素较为普遍。但肉鸡对微量元素的利用率不高，大部分随粪便排出，造成污染。肉鸡饲料中重金属减量的具体措施如下。

①农业农村部对饲料中微量元素的含量进行了限制。《饲料添加剂使用规范》（2014年版）规定肉鸡饲料中铜最高限量为35mg/kg，锌最高限量为150mg/kg，在一定程度上控制了这两种元素的环境排放水平。

②不同微量元素在肉鸡体内存在协同和拮抗作用。过量锌会阻止铜的吸收，过量铁会抑制锌的吸收，过量锌阻碍铁的利用，铜能加快铁的吸收，锰能促进铜的利用。实现铜和锌的减排还必须控制饲料中铁和锰的含量，充分利用铜铁锌锰之间的平衡关系来实现重金属减量。

③饲料中添加有机微量元素代替无机微量元素。无机微量元素普遍利用率低，排泄量大，易对环境造成污染，添加有机微量元素能够提高微量元素生物利用率。研究表明，与硫酸锌相比，螯合锌的生物利用率可达到160%~250%。

④饲料中添加植酸酶可提高微量元素利用率。在饲料中添加植酸酶可提高无机微量元素的利用率，并且能够降低添加微量元素水平10%，从而达到降低重金属排放的目的。

（2）蛋鸡饲料重金属减量。蛋鸡育雏期和育成期对微量元素的需要量和肉鸡接近。但在产蛋期为了保证蛋壳品质，对锌的需要量稍高，适当的高锌（100mg/kg）可增加蛋壳厚度和强度。由于高铜的添加对产蛋鸡有不利影响，所以单价饲料中铜的水平不高。降低蛋鸡粪便中铜锌水平的措施有以下几点。

①确定蛋鸡微量元素适宜的需要量，控制饲料中的添加量。一般情况下，蛋鸡日粮中锌的水平为60mg/kg，铜的水平为15mg/kg。

②应用生物利用率高的有机铜、有机锌产品减少微量元素的添加。研究表明，有机锌的生物利用率约为无机锌的150%，有机铜的生物利用率约为硫酸铜的110%。使用有机锌和有机铜可以降低蛋鸡饲料中微量元素铜、锌的添加量，从而达到重金属减排的作用。

③在日粮中添加植酸酶，提高无机微量元素的利用率。在蛋鸡日粮中锌添加水平为60mg/kg时，添加500FTU/kg植酸酶可以降低5mg/kg锌的添加水平，并使蛋鸡粪便中锌的排放降低10%。

3.奶牛饲料重金属减排

（1）对于不同品种和生产性能的奶牛，可依据其营养需要在日粮中添加适当的铜、锌。例如，荷斯坦母牛铜的添加水平为11mg/kg，锌的添加水平为43~52mg/kg；娟姗母牛铜的添加水平为10mg/kg，锌的添加水平为45~51mg/kg。

（2）利用吸收效率高的有机形式铜锌替代无机铜锌，减少添加量。

（3）使用可以降低饲粮中抗营养因子、提高动物生产性能和健康水平的功能性添加剂（益生元、酶制剂、酸制剂和植物提取物等）替代重金属类饲料添加剂，从多方面降低日粮中铜、锌的添加量，进一步减少其排泄量。

（五）抗生素减量

在我国规模化畜禽养殖过程中，大量使用抗生素造成了细菌耐药性、抗生素环境污染等不良影响，但在畜禽疾病的预防和治疗中，抗生素仍然发挥着至关重要的作用。但这些抗生素在使用过程中大多无法被动物完全吸收，有40%~90%的药物以母体或代谢物的形式排出动物体外，然而畜禽粪便作为有机肥使用是抗生素进入农田土壤环境的主要途径之一，进入土壤后，可以改变并增强土壤某些微生物菌群的抗性基因，使之成为潜在的环境生态危害。从另一个角度来讲，由于常用的抗生素药物相对于农药、多环芳烃等其他土壤环境污染物有较强的水溶性，这些在土壤中的抗生素容易随水流在土壤中垂直渗透而进入地下水循环系统，从而对整个生态圈及人们日常饮食造成潜在的不利影响。

从用途上讲，兽用抗生素分为治疗性抗生素和促生长抗生素，目前国家已禁止使用作为饲料添加剂的促生长类抗生素，现用抗生素类主要用来预防和治疗畜禽疾病。

抗生素的减量使用措施有以下几点。

1.强化安全合理用药原则，从源头减量

（1）正确配伍，协同用药。使用兽药时，正确配伍，合理组方，协同用药，增加疗效，避免产生拮抗作用和中和作用。

（2）辨证施治，综合治疗。经过综合诊断，查明病因以后，要迅速采取综合治疗措施。

（3）按疗程用药、勿频繁换药。一般情况下，首次用量可加倍，第2次应适当减量，症状减轻后使用维持量，症状消失后，要追加用药1~2d，以巩固疗效，用药时间一般为3~5d。使用药物预防时，7~10d为一个疗程，均匀拌料于饲料中进行饲喂。

（4）合理采用给药方式。选择不同的给药方式要考虑机体因素、药物因素、病理因素和环境因素，以取得最佳治疗效果。

（5）严格实行休药期规定。休药期是指畜禽最后一次用药到该畜禽许可屠宰或者产品许可上市的时间间隔。在生产中我们要严格实现休药期，尽量减少动物产品的兽药残

留，确保群众吃上安全放心的动物产品。

（6）禁止使用禁用兽药。严格按规定使用兽药，决不使用盐酸克伦特罗等兴奋剂类、具有雌激素作用的物质、催眠镇静类等药物。

（7）建立用药记录。以数据为依据，筛选和减少抗生素的品种，为进一步确定减用、停用抗生素的产品清单提供科学基础。

2.加强畜禽养殖投入品和环境质量

提高养殖管理水平，降低畜禽的病死率，从而使用抗生素的量也会随之减少。

（1）畜禽饮用水。水在畜禽养殖过程占据着至关重要的作用，水中若存在着有害微生物，畜禽饮用后便会出现发病或者死亡的现象，因此，必须对畜禽饮水进行沉淀、净化、消毒等无害化处理。

（2）饲料。饲料（主要成分玉米）霉变是当前猪瘟免疫失败的重要因素，及时烘干并合理储存即可减少20％的霉变玉米，可以大大降低我国畜禽养殖产业的成本，提升产出效率使得抗生素使用量减少。此外，饲料的制粒直接影响动物的消化系统，细粉碎日粮比粗粉碎日粮更易引起胃炎，粉碎粒度0.2~0.5mm时饲料消化率最高。

（3）保证适当的饲养密度。饲养密度是单位面积饲养动物的数量，是畜禽生产中关键的管理因素之一。高密度饲养虽然在一定程度上增加经济效益，但会导致畜禽"热应激""免疫抑制"等不良影响，从而使得畜禽的得病率升高。根据我国的生产现状及生产实践中的总结，以猪为例，在水泥地面、圈养条件下，猪的适宜饲养密度应以体重阶段划分为宜：断奶至30kg阶段仔猪每头0.75m²（15m²的猪圈以不超过20头为宜）；30~60kg阶段每头至少0.9m²；60kg至出栏阶段每头至少1m²。在南方或炎热季节时要相应减少10％，在北方或寒冷季节可适当增加10％。

（4）温度及其他。养殖场畜舍温度保持在25~28℃；增加过滤器等设备，保持空气清洁通畅。提高动物健康水平涉及很多方面，从饲料营养水平、养殖场的管理水平及疫病防控等方面控制，减量技术要做到位，单靠某个技术是无法解决的，必须是各方面配合得当，技术集成形成有机的整体才能达到理想效果。

3.提升养殖场管理水平

目前我国养殖场的环境控制还不够完善，饲养设备设施还需进一步提升，导致畜禽养殖过程中疾病多发，直接影响抗生药的使用量。养殖场如采取科学的饲养管理办法，做好消毒和防疫措施、推进健康养殖、提高管理水平、改善饲养环境及增加安全防护等，就可以提高畜禽的抗病能力，减少动物疾病的发生，从而也降低了饲养过程中抗生素的使用，达到了抗生素减量的目的。

4.研制和推广抗生素的替代品

在畜禽疾病的治疗中减少抗生素的使用，找到安全有效的抗生素替代品势在必行。目前，抗生素的替代品有益生菌微生态制剂、抗菌肽、酶制剂、寡聚糖、植物提取物和中草药等替代品，这些抗菌药替代品能够改善畜禽生产性能，调节动物肠道微生态平衡，促进饲料的消化吸收及抑制病原菌繁殖等功效，在一定程度上减少了抗生素的使用。

（1）微生态制剂。按生物种类一般分为芽孢杆菌类、乳酸菌类、酵母菌类和复合菌类，按成分分为益生菌、益生元和合生元3类。但益生菌是目前市场上研究应用最多的微生态制剂，被认为是最佳的抗生素替代品，所以，益生菌制剂在畜禽养殖已得到广泛的应用，并创造了巨大的经济效益。

（2）微生物发酵饲料。微生物发酵饲料是利用厌氧发酵新技术，以农副产品经科学配制后作为发酵底物，接种益生菌（乳酸杆菌、啤酒酵母、肠球菌、芽孢杆菌等）生产而成的。与传统的固态发酵技术相比，微生物发酵解决了好氧菌与厌氧菌共存发酵的难题，最大限度地提高了活菌数，在促生长、增强体质、提高饲料转化率和生产性能等技术生产的饲料方面都有所提高。

（3）抗菌肽。抗菌肽是生物体内经诱导产生的一种具有生物活性的小分子多肽，这类多肽具有广谱抗菌性、强碱性、不易产生微生物耐药性、热稳定性等特点。这些抗菌肽除了能够抑制革兰氏阳性和阴性细菌、真菌、病毒以及寄生虫外，还能够对免疫系统具有一定的调控作用。试验表明，抗菌肽能够有效抑制大肠杆菌、金黄色葡萄球菌、沙门氏菌等有害菌的增殖，且不易产生耐药性。抗菌肽相比传统的抗生素有抗菌活性高、不易产生耐药性、抗菌作用机制独特等优点，是理想的抗生素替代品，受到了人们越来越多的重视和应用。

（4）饲料酸化剂。饲料酸化剂是由有机酸与无机酸按一定比例与赋形剂复合组成，为动物提供最适合消化道环境的新型添加剂，广泛应用于猪、牛、羊、禽等动物的饲料中。酸化剂可降低饲料在消化道中的pH值，使胃内容物的pH值维持相对稳定，酸性条件有利于乳酸菌的生长繁殖，对大肠杆菌等有害微生物起抑制作用。酸化剂通过改善消化道酶活性和营养物质消化率的作用，降低病原微生物的感染机会，使病原微生物的繁殖受到抑制，增加益生菌繁殖。例如，在仔猪日粮中添加酸化剂有助于调节免疫系统的反应，缓解应激导致的抵抗力下降，还可达到减少使用抗生素的作用。

饲料酸化剂有单一型和复合型，还有液体型和固体型之分。

有机酸：常见的有L-乳酸、柠檬酸、富马酸、甲酸、乙酸、丙酸、丁酸、山梨酸、苹果酸、酒石酸、苯甲酸等。

无机酸：磷酸、盐酸（因挥发性强很少使用）。

载体（赋形剂）：二氧化硅。

（5）兽用中草药。中草药主要来源于植物，经过采集、加工、炮制后形成单方或者复方，具有解表、泻下、消导、温里、祛湿、散涩等多种功能，根据畜禽疾病的情况进行配伍使用，并不会产生残留和耐药性等不良影响，兽用中草药已成为防治畜禽疾病的重要手段，从而成为减少抗生素使用的首选。

二、养殖节水减排技术

养殖业中排放的废水污染总量占农业面源污染的50％以上，是造成农村地区污染的首要来源。因此，节水减排是畜禽养殖业污染防治的重要环节。养殖节水减排主要技术措施包括养殖工艺与管理优化减少用水量；饮水系统防漏改造；雨污分离防止雨水进入污水池实现减量；清洁回收利用模式等。不同畜种、不同饲养方式对养殖场的饮水系统改造及设备配置也不同。

（一）鸡场饮水系统改造技术及设备配置

鸡场污水的来源主要包括饮水系统漏水，鸡戏水和反冲洗用水，鸡粪与散落的残食、饮食滴落水以及粪槽冲刷水掺和形成鸡粪混合液，鸡舍经常冲洗产生的大量废水。除家禽饮水从嘴角漏水和戏水之外，还有饮水器受损、水压大水速快等产生的漏水，其中饮水器密封不良、老化、水管质量、周围环境等问题都会影响饮水乳头出现变形、变质、破裂和漏水等问题。

1.鸡的饮水量标准值

（1）不同周龄的饮水量，1~6周龄的雏鸡，每天每只鸡的饮水量为20~100mL；7~12周龄的青年鸡，每天每只鸡的饮水量为100~200mL。

（2）不同温度不同采食量的饮水量，在正常20℃气温环境条件下，饮水量为采食量的2倍；在高温35℃环境环境条件下，饮水量为采食量的5倍。

（3）不同产蛋率的饮水量，当产蛋率为50％时，蛋鸡需水量为每天每只170mL；以后产蛋率每提高10％，则饮水量要相应增加12mL。

（4）不同季节的饮水量，冬季每天每只鸡需饮水100mL；春季和秋季每天每只鸡需饮水200mL；夏季每天每只鸡需饮水300mL。

（5）产蛋与不产蛋的饮水量有所不同，产蛋鸡每天每只的饮水量为230~300mL；不产蛋鸡每天每只的饮水量为200~230mL。

2.鸡场饮水器的选择

选择质量合格的乳头式饮水器（图3-1），进入舍内应安装减压水箱（1~1.5m³），防止压力过大对乳头饮水器的冲击，提高饮水系统的耐久性。采用乳头饮水设施，既能节约用水，又能保证饮水卫生，减少大肠杆菌等细菌的污染，同时由于漏水减少，粪便干燥不发酵，鸡舍氨气浓度降低，蚊蝇滋生也大为减少。乳头式饮水器的优点有以下几点。

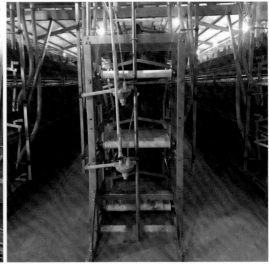

图3-1　乳头式饮水器实景

（1）节水。研究表明，乳头式饮水器比水槽常流水可节约用水75%~80%。

（2）减少疾病。由于乳头式饮水器管道系统密封性能好，水不直接暴露在鸡舍内，避免灰尘、病原菌进入水中，也避免鸡因饮水而造成交叉感染，有利于鸡群防疫，减少疾病传播。

（3）减轻劳动强度。使用乳头式饮水器，省去人工刷水槽的工作，也便于人工投料，提高了劳动生产效率。

（4）节省饲料。据有关试验研究，与水槽供水相比，1万只羽蛋鸡舍每天能节水8t左右，节省饲料45.2kg，每1万只羽蛋鸡1年能节省开支2.1万元。

3.鸡场饮水系统改造

鸡舍饮水系统升级改造可以很大程度的节约用水，达到节水减量的目的，通常从饮水器的高度、角度及水流速度来减少鸡场污水的产生（图3-2）。

（1）自动乳头式饮水器水压控制。雏鸡水压控制在14.7~24.5kPa，成鸡水压控制在最大24.5~34.3kPa，最小14.7~24.5kPa。密封圈材质选用聚四氟乙烯密封圈。

（2）不锈钢减压水箱（1~1.5m³）。通过管道连接控制阀进入饮水管网。

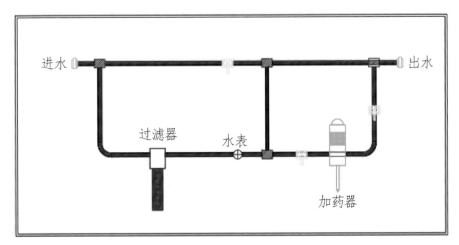

图 3-2　乳头式饮水系统

（3）管线。配合使用4分、6分PVC管线或不锈钢管材及流量控制阀、压力控制阀等。

（4）过滤器。300~600目石英砂过滤器、活性炭过滤器、精密过滤器。

（5）加药器。主要装置有镍合金弹簧组件、氟橡胶密封件及塑料外壳。

（6）水表。分为普通水表和智能水表。

（7）自动饮水控制系统。主要装置包括核心存储装置、电子流量计、水温传感器、管道加热带、进水电磁阀、出水电磁阀和环境温湿度传感器，管道加热带缠绕在自动饮水线的管道上，进水电磁阀和出水电磁阀分别位于自动饮水线管道的进水口和出水口，电子流量计和水温传感器均设置在自动饮水线的管道内，环境温湿度传感器设置在鸡舍的中间位置。

4.饮水器安装方法

饮水器安装角度以45°为宜，水流速=7×鸡只周龄+35（mL/d），管道PVC管材或不锈钢管材，水质符合《生活饮用水卫生标准》（GB 5749—2006），保持舍内适宜温度减少鸡只戏水导致的水量浪费，通过饮水系统给药时及时清洗防止管道堵塞，增加微酸性电解水相关制水设备，清除管道内壁菌膜，省去饮水系统的反冲水，减少污水产生。

5.饮水器的日常维护

（1）使用乳头饮水器对水质要求比较高，严禁没有过滤的水流入饮水管，防止水中杂质阻塞饮水乳头。

（2）乳头饮水管在闲置时，要排净水管内存留的水，防止因水质变质污染饮水系统，可在位置较低处的水管段打开几个饮水乳头，让其自由流出水管内的水。

（3）饮水免疫或饮水投药结束后，要用净水冲洗水管，把存留于水管中的含有药物或疫苗的水冲出，避免药物变质、沉淀，污染饮水系统。

（4）使用乳头饮水器对周围环境要求比较高，例如环境温度过高或过低，都会影响饮水乳头或水管的质量，出现变形、变质、破裂和漏水等现象。

（5）生产中对弯曲、变形的水管应及时矫正，保证水管平直，及时更换损坏、老化的饮水乳头，防止饮水不畅，影响鸡只正常生产性能的发挥。

（二）猪场饮水系统改造技术及设备配置

猪场在选择饮水系统时，应综合考虑猪舍环境、猪舍条件、温度、饲料配比及猪只的体重等因素（表3-1）。例如，在夏季应保证饮用水的温度低于20℃，同时还要保证每个栏舍的饮水器数量充足。为避免饮水器长期被同一头猪霸占，应至少保证每个栏舍内安装2个饮水器。

猪场的污水主要来源于饮水器漏水、冲洗用水和喷淋降温用水。

1.猪的饮水量标准及流量推荐值

表3-1　猪的饮水量标准及流量推荐值

饲养阶段	体重/kg	饮水量/（L/头·d）	流量/（L/min）	饮水器安装高度/mm
哺乳仔猪	1~6	0.7	0.3~0.4	80~105
断奶仔猪	6~30	2.5	0.4~0.6	100~150
育成猪	30~120	10	1~1.5	250~300
公猪	200~300	15	1.5~1.8	350~400
空怀母猪	100~250	15	1.5~1.8	350~400
哺乳母猪	100~250	30	2.0~3.0	350~400

2.饮水器选择技术要点

（1）将鸭嘴式饮水器改造成碗式饮水器（图3-3），防止猪只在饮水过程中造成污水量的增加。

（2）按照不同猪群的饮水量匹配合适的饮水器，从而减少水的浪费和污水产生。

（3）调节饮水器流量，建议在每个饮水器的上方安装调节阀，猪场要在饮水器选择、安装、流量控制方面管理标准化，减少污水量的产生。

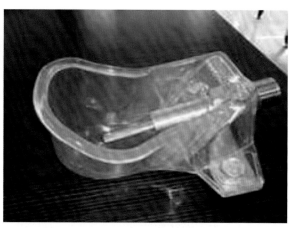

图3-3　猪用塑料椭圆形饮水碗

（4）碗式饮水器安装原则。安装位置靠近食槽，保持适当间距，安装在漏粪地板上方，槽式饮水加装控制阀控制水量和流速，水位控制器一般在自动补水的高度（20~30mm），相邻饮水器间距不小于500mm。

（5）设置收集水槽，单独收集饮水器漏水。

3.猪场饮水碗种类

圆形碗直径：小号120mm，中号140mm，大号160mm（图3-4）。

椭圆形碗尺寸：中号270mm×190mm，中号290mm×210mm（图3-5）。

图3-4　猪用不锈钢圆形饮水碗

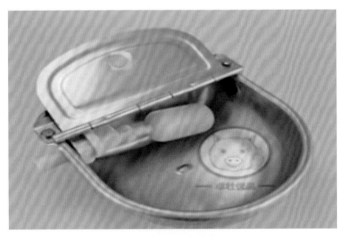

图3-5　猪用不锈钢椭圆形饮水碗

4.健康养殖猪场圈栏改造升级

（1）舍内平面布置改造。小于11m跨度的猪舍，平面布置形式为单列布置，在围栏的一端设计暖床作为猪的躺卧区，长度2.5~3m，设计1个纵向通道；大于11m跨度的猪舍，平面布置形式为双列布置，纵向通道设在猪舍的中间。

（2）设置猪厕所利用猪只定点排泄的习惯，在猪栏内设定排粪区域，排粪区地面为漏缝地板，下面为粪尿沟。

（3）地面工程做法。猪舍内地面硬化并在躺卧和行走区做防滑处理和1%~3%的坡度。

（三）牛场饮水系统改造技术及设备配置

1.牛的科学饮水量

反刍动物的瘤胃是一个供厌氧微生物繁殖的活体发酵罐，饲料的70%~80%和纤维素的50%~60%被消化和酵解，在饲料和纤维素被消化和酵解的过程中，除了瘤胃特殊的内环境所起的作用以外，水起着决定性的作用，水是一切物质进行生化反应的介质，瘤胃内水分占瘤胃总容量的85%~90%，如果低于85%，降解能力将大大降低。如奶牛饮水量不足，产奶量必定下降，产奶量要提高，日饮水量绝对值也相应增加。

（1）奶牛。奶牛的饮水量一般随奶牛体重的大小、产奶量的多少、干物质进食量、气候条件、日粮组成、水的质量、饮水方式以及生理状况而不同。一般产奶母牛每产奶10~15kg，每天可饮水45kg；日产奶15kg母牛每天需饮水50kg；日产奶30~40kg，日供水量90~110kg才能满足产奶母牛的需要。青年奶牛和犊牛的日需水量也有差异，1月龄的犊牛，其需水主要来自奶中的水分，1~3月龄的犊牛日供水量要求在10kg左右，3~6月龄的犊牛供水量则需15kg左右，青年母牛平均日需水量在30kg左右；干奶母牛每天需饮水35kg。保证奶牛获得充足饮水的方法是，持续供应，自由饮水。

（2）肉牛。要想获得比较理想的饲养效果和品质高的牛肉，除了要设计好饲料配方、做好保健、多采食，同时必须保证育肥牛充足的饮水量。一般情况下育肥牛体重200kg，日增重700~1 100g，采食饲料干物质4.6~5.7kg，饮水量14~17kg；育肥牛体重250kg，日增重700~1 100g，采食饲料干物质5.8~6.2kg，饮水量18~20kg；育肥牛体重300kg，日增重900~1 100g，采食饲料干物质6~8.1kg，饮水量19~27kg。

2.饮水系统改造技术

（1）改造原饮水槽为自动保温饮水槽或饮水器。

（2）自动保温饮水槽安装于卧床一侧，保证饮水槽自动限水阀的正常工作，减少溢水现象发生。

（3）自动保温饮水槽地面坡度应有不小于1%的坡度坡向地漏，保证地面干燥，防止牛只滑倒造成伤害。

（4）饮水系统日常清洗用水单独收集，避免流入清粪通道或采食通道，收集后的清洗用水经沉淀过滤后回收用于清洗用水。

（5）按照牛群的不同饲养阶段、饲养饮水量匹配合适的自动保温饮水槽，淋雨喷头按要求设置，尽量减少净水与粪便混合而产生污水。

（6）采用纵向饮水槽的牛舍，应在水槽内增加过滤网，清洗时先将饲料残渣经过滤网过滤后再清洗。

3. 自动保温饮水槽技术要点

一般来说，水槽位应保证平均每头牛有10～20cm，应保证每头牛中有15％的奶牛能同时饮水，水源优质，饮水温度应冬暖夏凉（13～17℃），每周至少进行1次水槽清洗消毒。为了保证箱体不变形，箱体及浮球采用滚塑一次性成型，并配有专用支撑架，每次牛顶开浮球饮水后，都能很好地复位，保证饮水槽的保温。

牛用自动恒温饮水槽可加装电器加热控制系统。加热板采用220V交流电，用电热板进行加热，电热板配有漏电保护装置和地线连接，保证牲畜的安全。温控器随时监控槽内水温，根据试验，在-27℃的外界环境下，槽内水温达到17℃。那么在牛饮水的情况下，不停地补充水源，槽内的水温可以维持10℃左右。

（1）滚塑一次性成型自动保温饮水器技术参数。

①双浮球自动保温饮水器：产品尺寸1 000mm×680mm×550mm，容量80L，净重40kg，聚乙烯发泡保温，抗冻温度-30℃（图3-6）。

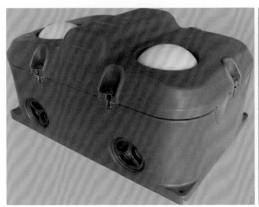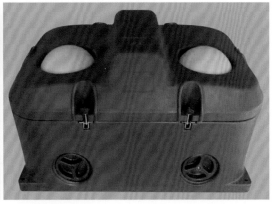

图3-6　牛用双浮球自动保温饮水器

②多浮球自动保温饮水器：2m滚塑一次性成型保温饮水槽，容积126L，重量75kg，供50头牛饮水，聚乙烯发泡保温，可选配电加热；4m滚塑一次性成型自动恒温饮水槽，重量138kg，容积310L，供150头牛饮水。饮水器高度可根据不同日龄的牛调整（图3-7）。

图 3-7　牛用多浮球自动保温饮水器

（2）不锈钢电加热自动饮水槽。不锈钢电加热保温饮水槽是采用食品级双层不锈钢201或304材质，常用规格有1m、2m、2.7m和4m，其他长度可根据客户的要求定制。加热方式采用电热带加热，适用于大中型牧场牛羊饮水，可以提高奶牛产奶量5%~10%，提高工作效率30%，减少人工费用40%，可避免水料同槽，减少牛的发病率，能节约用水10%~15%。奶牛和肉牛通用（图3-8）。

图 3-8　不锈钢电加热自动饮水槽

不锈钢电加热保温饮水槽具有以下优势。

①水位明显：牛能明显看到水，一次喝个够。

②节约用水用药：试验证明，能节约用水30%以上，降低了污水排放和污水处理压力。

③使用安全：能有效防止饮水器划伤动物，避免造成外伤。

④带温度自动调控系统达到设定稳定停止加热。

⑤带漏电保护装置，安全可靠。

⑥带自动保温系统，饮水恒温。

⑦电热带加热，省电节能，热转化率可达99%。

⑧带浮球自动上水阀，不用人工上水。

4.挤奶厅节水改造

挤奶厅是奶牛养殖场冲洗用水量最大的建筑设施，科学合理规划设计挤奶厅的给水排水管网是挤奶厅节水的关键。

（1）挤奶厅及待挤厅应设有专门的室内排水沟，宽度300~500mm，沿墙布置，盖铸铁或硬塑篦子，坡向室外管网的坡度不得小于0.5%。

（2）挤奶台牛只站位应设计1%~1.5%的坡度坡向侧墙的排水沟。

（3）挤奶厅向待挤厅取3%~5%的坡度坡向，待挤厅入口污水收集沟渠，宽度不小于500mm，上盖铸铁或硬塑篦子，坡向室外管网的坡度不得小于0.5%。

（4）单独收集挤奶厅清洗用水，简单处理后可用作待挤厅地面清洗用水。

（5）挤奶厅的设计应按照设备工艺要求设计专门的排污沟、地面坡度、排水管网、污水收集处理、污水清洁回用系统，尽量减少污水的排放。

三、清粪系统改造技术及设备配置

（一）清粪方式的选择

目前畜禽养殖过程中的主要清粪方式有干清粪、水冲清粪和水泡清粪三大类清粪方式。清粪方式选择应遵循以下原则。

首先，清粪方式应与粪污后期处理环节相互参照，清粪只是粪污管理过程的1个环节，它必须与粪污管理过程的其他环节相连接形成完整的管理系统，才能实现对粪污的有效管理。也就是说，根据选定的清粪方式，再确定后续的粪污处理技术。也可以根据选定的粪污处理技术，确定相匹配的清粪方式。例如，如果某猪场打算采用沼气工程处理粪污，该猪场的清粪方式最好选择水泡粪清粪方式；如果某猪场采用水泡粪清粪方式，粪污的后期处理确定为达标排放处理就不合适，因为水泡粪中有机物浓度很高，这样对粪污进行净化处理，显然要付出很高的代价，得不偿失。

其次，选择清粪方式还应综合考虑畜禽种类、饲养方式、劳动成本、养殖场经济状况等多方面因素。由于畜禽种类不同，其生物习性和生产方式不同，对清粪方式的选择也有影响。例如，蛋鸡主要采用叠层笼养，由于鸡的尿液是在泄殖腔与粪便混合后排出体外，生产过程中几乎只产生固体粪便，因而清粪方式采用干清粪。

（二）清粪制度标准化

清粪制度标准化是畜禽养殖业标准化、畜禽粪污处理资源化和养殖场管理相关联的非常重要现代化管理手段，标准化程度越高，清粪周期越短。一般情况按照以下规定处理：

一是舍内清粪制度化，每天清粪1次，或按生产工艺要求安排清粪，最终将粪便送到场内暂存池或粪污处理车间或场外粪污处理中心。

二是场内暂存池的粪便一般情况下不超过3d，超过3d的必须将场内暂存池的粪便送到堆肥厂、有机肥厂或集中处理中心处理。

（三）清粪系统改造技术方式

清粪系统的改造技术与清粪方式关系密切，清粪方式主要有人工清粪和机械清粪。根据不同的清粪方式、不同畜种各养殖场应采取科学合理的改造技术。

（四）鸡场清粪系统改造技术

1.刮粪板清粪技术存在的问题

刮粪板清粪方式是我国阶梯笼养鸡舍和网上平养鸡舍普遍采取的集粪模式，刮粪板清粪代替人工清粪方式大大节约了人工成本，提高了劳动生产效率，但刮粪板清粪技术也存在一定的问题。

（1）粪沟施工不平整刮粪不干净。

（2）饮水器漏水导致粪沟积水。

（3）钢丝牵引易被腐蚀。

（4）尼龙绳牵引容易变形。

（5）沾水后容易打滑导致运行故障。

（6）收集的粪便含水率高。

（7）刮粪板末端与集粪池之间距离大，密封性差，负压通风效果差，建议改造为传送带清粪方式。

2.鸡场清粪系统改造技术要点

目前，由于传送带集粪工艺非常适用于鸡场，很多阶梯笼养设备厂家以及采用此工艺的鸡场都对传送带集粪工艺进行升级改造的实践和研究。具体技术要点如下。

（1）鸡舍清粪改造不同于新建鸡舍，需要结合鸡舍的实际情况。

（2）鸡舍长度控制在100m以内。

（3）根据鸡舍净高，选择相应的改造方法：大于2.7m时选择将原有粪沟填平后安装传送带；小于2.7m时选择在原有粪沟上直接安装传送带。

（4）改造时传送带长度方向需在首架鸡笼前端延伸0.8m，末架鸡笼末端延伸1.2m，用于传送带松紧调节，便于清粪作业。为防止粪便遗漏，传送带宽度应保证上部鸡笼的粪便都能落在传送带上。

（5）底层鸡笼底网与传送带的距离不小于100mm。

（6）鸡舍末端需要建1个横向的传送带，将每列鸡笼下传送带收集粪便集中后运至舍外，再通过斜向传送带将收集的粪便直接送到车上运走。

3.鸡场清粪系统改造设备配套

机械清粪常用的设备：刮板式清粪机（图3-9）、横向螺旋式清粪机（图3-10）和传送带式清粪机（图3-11）。刮板式清粪机多用于阶梯式笼养和网上平养；传送带式清粪机多用于叠层式笼养；横向螺旋式清粪机主要是与上述2种清粪机配套使用，作用是将刮入横向粪沟的鸡粪运送到舍外。

图3-9 鸡舍刮板式清粪机　　　　　图3-10 横向螺旋式清粪机

图3-11 传送带式清粪机

主要建筑设施改造内容：纵向粪沟、横向粪沟、防雨棚、集粪斗；其他设备配置包括运粪车。

4.全阶梯和半阶梯鸡笼清粪系统改造技术要点

（1）3~4层全阶梯和半阶梯（投资相对高一些）鸡笼均可改装。准备装传送带的鸡舍长度最好控制在100m之内，清粪效果较好。

（2）笼架下最少有不低于10cm空间高度。

（3）鸡舍前端须占用长80cm左右的距离，用于履带前端延伸和松紧调节；后端必须占用120cm左右的距离，用于横向传送，机械喂料预留前后端笼架的不需考虑此问题。

（4）鸡舍末端外侧需建1个400cm（长）×150cm（宽）×150cm（深）的斜向传送坑，以使鸡粪自动传送至车辆上或其他设施上。

（5）注意安装舍内纵向履带时要有坡度，否则在冲洗鸡舍时，履带上的积水较难清除，积水的压力也可造成履带支架变形，影响使用效果。

（6）原先舍内的刮粪沟填平或不填均可，原刮粪机最好保留，或加装地刷，效果更佳，以备清理粉尘、羽毛或清理其他杂物之用。

（7）需额外增配一定的电力配置，每列纵向履带动力1.5kW，横向、斜向履带各1.5kW左右。

5.地面散养鸡舍清粪系统改造技术要点

（1）为防止蛋鸡地面散养与粪便直接接触，应选择架空地面散养的方式进行改造。

（2）鼓励采用网上栖架立体散养模式（图3-12），并配备机械喂料，自动集蛋系统、传送带集粪系统，自动饮水系统。

图3-12　网上栖架立体散养模式

（3）采用立体栖架系统，饲养密度以20~30只/m²为宜。

（4）改造时传送带长度方向需在首架鸡笼前端延伸0.8m，末架鸡笼末端延伸1.2m，用于传送大松紧调节、便于清粪作业。为防止粪便遗漏，传送带宽度应保证上部鸡笼的粪便都能落在传送带上。

（5）底层鸡架与传送带的距离不小于100mm。

（6）鸡舍末端需要建1个横向的传送带，将每列鸡笼下传送带收集粪便集中后运至舍外，再通过斜向传送带将收集的粪便直接送到车上运走。

（五）猪舍清粪系统改造技术

目前，我国猪场的刮板清粪系统多与全漏缝地板配合使用。猪舍清粪系统的技术改造措施具体如下。

1.舍内粪沟（图3-13至图3-16）

（1）在栏位漏粪地板下设置舍内粪沟，宽度1200~1400mm（比刮粪板宽4~6cm），沟底横截面呈"V"字形。

（2）舍内粪沟最低处埋设与粪沟等长的排尿管道，管道上方开设宽度为10~15mm的缝隙，管道末端与舍外污水管道相通。

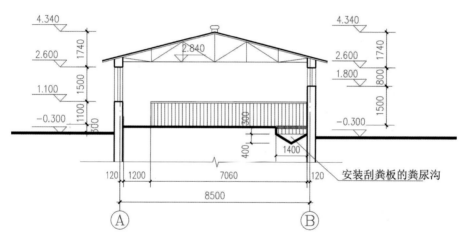

图3-13　单侧通道舍内粪沟剖面图（单位：mm）

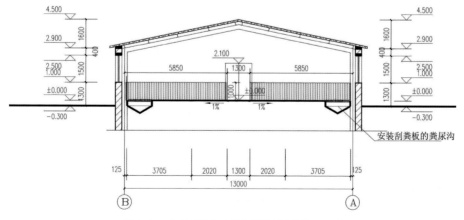

图3-14　中间通道舍内粪沟剖面图（单位：mm）

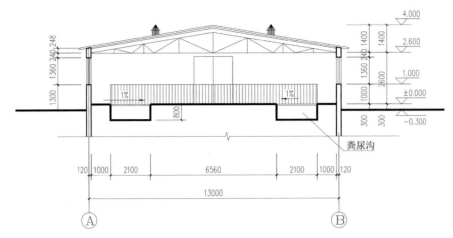

图3-15 周边通道舍内粪沟剖面图(单位:mm)

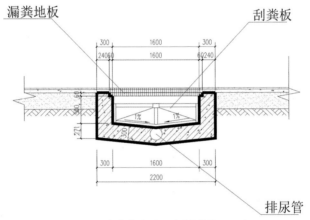

图3-16 舍内粪沟剖面详图(单位:mm)

(3)舍内粪沟起始端深度不低于300mm,沿污水流动方向设0.5%~1%的坡度。

(4)粪沟地面和粪沟隔断墙侧面平直,墙面禁止有斜坡,中间有立柱、隔墙的情况。

(5)主机混凝土基础尺寸为1200mm×1200mm×800mm,基础上表面标高与对应"V"字形粪沟槽口高点标高一致,转脚轮混凝土基础尺寸为600mm×600mm×800mm,表面标高比粪沟槽口标高高150mm。

2.舍外粪沟

(1)相互平行排列的多栋猪舍端部如果沿场区污道大致平齐,可设置舍外粪沟。舍外粪沟与每栋猪舍舍内粪沟在末端相接,舍外粪沟轴线垂直于或相较于猪舍长轴(图3-17)。

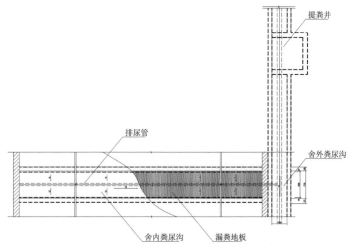

图3-17　舍内外粪沟平面图（单位：mm）

（2）舍外粪沟深度应低于舍内粪沟末端500mm以上，宽度为1000~1800mm。

（3）舍外粪沟设计沟盖板，末端或中间部位设计提粪井。

3.猪场设备配置

（1）舍内外粪沟安装刮粪板，将粪便收集到猪舍末端。

（2）刮粪板配置排尿管的疏通板，防止粪便进入排尿管导致管道堵塞。

（3）猪舍末端设置集粪斗用于承接及转运机械刮粪板收集的舍内粪便，集粪斗呈倒梯形，大小根据猪舍饲养量确定。

（4）应配置机械提升装置至粪车。

（5）集粪斗系统可共用（图3-18）。

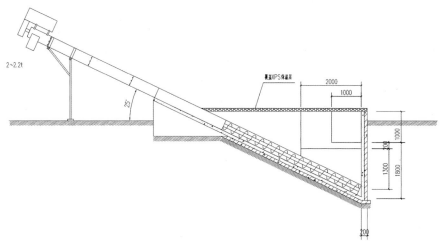

图3-18　集粪斗系统—蛟龙提升剖面图（单位：mm）

（六）规模化奶（肉）牛场改造技术

1.牛场饲养模式改造

（1）对室外运动场的改造。对设有室外露天运动场的牛场，宜将运动场取消改造成为全舍饲散栏饲养，原有运动场种植花草绿化美化环境；露天运动场加活动雨棚，运动场地面改造为牛粪回用作垫料的发酵运动场，运动场防渗漏、四周做散水和排水沟，改造后做到雨污分流。

（2）舍内设计清粪通道的改造。舍内设计清粪通道改造为机械清粪，由于小规模牛场设计不规范，应对小规模牛场清粪通道进行改造升级。移动清粪通道宽度2.0~3.5m，高出牛卧床边缘20cm。

清粪方式有：机械刮粪板清粪和机器人清粪。

（3）净污分道、雨污分流重新设计。按照净污分道、雨污分流要求重新设计牛舍粪污收集输出路线。

2.奶牛场清粪技术

（1）小中型奶牛场干清粪技术。采用人工清粪、自动机械刮粪板（图3-19）、滑移装载机干清粪（图3-20）或者吸粪车干清粪等方式进行牛舍干清粪技术，收集到的粪污集中粪污收集池进行固液分离，一部分作为牛床垫料回用，一部分堆肥发酵作为肥料用于农田，粪水经厌氧发酵后，作为液体肥料通过水肥一体化灌溉技术用于设施蔬菜大棚的果菜类农作物或农田灌溉。

图3-19 牛舍自动机械刮粪通道　　　　　图3-20 滑移装载机干清粪

（2）大型现代化奶牛场重力流清粪技术。根据养殖规模、牛群结构科学合理划分牛群，基础母牛舍一个饲喂栏采用单条自动刮粪板或2条刮粪板对头定时刮粪至牛舍一端或中间集粪沟，几个牛舍的集粪沟连通，坡度大于2%，集粪沟常年保持10~20cm的循环水流，在末端的暂存池滞留沉淀后，经粪渠或管径大于1m的管网运送到沼气池前端分解酸化后进入沼气发酵罐发酵产生沼气、沼渣、沼液，沼气可作为生物质能发电利用，沼渣通过固液分离车间，固体肥料制成块状有机肥，沼液可作为液体肥料灌装或通过水肥一体化设施直接施用农田或蔬菜大棚，多余的液体可通过生态处理达标排放、场区绿化用水、挤奶厅地面冲洗回用水或场区水体公园用水等方式利用。

3.牛床垫料回用技术

经过固液分离后的固体粪便虽然含水率大大降低，但含有许多病原菌、虫卵等生物，如果不加以处理直接用作牛床垫料，会大大增加奶牛乳房炎及其他病症的发病率，影响奶牛产奶量及牛奶品质，因此，经过固液分离后的固体粪便必须经过无害化处理才能用作牛床垫料。

新鲜牛粪（含水率80％左右）经固液分离后（含水率50％左右），用铲车送往发酵槽（发酵槽的数量和体积根据牛场规模而定），依次堆放，堆放高度为1.2~1.3m，1条堆满后，即开始20d左右的好氧发酵过程，确保能完全杀死牛粪中蛔虫卵、病原菌、草籽等，腐熟后的牛粪经晾晒后用作牛床垫料，后续产生的牛粪，依次堆存在其他发酵槽中。发酵时加入适量的菌剂，能够促进木质素、纤维素的降解，且能加快发酵达到高温的时间，延长高温持续时间，如果要加工有机肥，还要进行二次发酵。

好氧发酵过程所需的氧气是利用设置在发酵槽墙体上的行车式翻堆机来实现的。每3d左右翻堆1次（以堆温而定）。而行车式翻堆机在并列的发酵槽间的位移，是利用设置在发酵槽出料端的驳运机来完成的。

经堆肥发酵处理后的牛粪，含水率30％左右，无臭、无病菌、松软而干燥，用作牛床垫料，不仅省去购买其他垫料产生的费用，而且可以为奶牛提供一个舒适卫生的休息环境，从而增加奶牛上床率，提高产奶量。

四、雨污分流系统设计

（一）基本概念

雨污分流，是一种排水体系，是指用不同管渠系统分别收集、输送污水和雨水的场区排水方式。雨水可以通过雨水管网直接排到场外雨水沟；污水需要通过污水管网收集后，送到污水处理设施进行处理，达到灌溉标准可灌溉农田；达标排放的需经批准可排放。

（二）雨污分流系统设计工艺流程

根据养殖场坡度建立雨水、污水收集管网系统，实现雨污分流（图3-21）。雨水采用明沟收集；污水通过暗沟（管）输送，采取防渗防漏等措施，在每个转向处设置沉淀

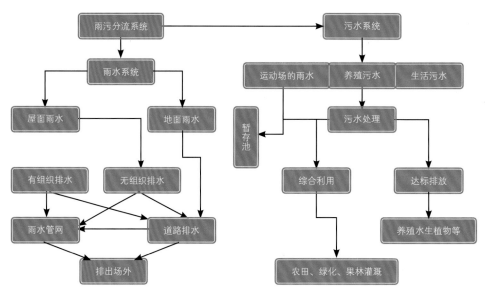

图3-21　雨污分流系统设计工艺流程

检查井。采用刮粪板干清粪工艺的养殖场，在刮粪板出粪口上方应设有挡雨棚或盖板。通过雨污分流可以减少养殖场污水10％~15％。

（三）雨水管网设计

管渠平面位置和高度，应根据地形、土质、地下水位、道路情况、原有的和规划的地下设施、施工条件以及养护管理方便等因素综合考虑确定。

1.设计暴雨强度计算

$$q = \frac{167A_1(1+C\lg P)}{(t+b)^n}$$

q——设计暴雨强度[L/（s·hm²）]；

t——降雨历时（min）；

P——设计重现期（年）；

A_1，C，b，n——参数，根据统计方法进行计算确定。

2.设计雨水流量

$$Q_s = q\Psi F$$

Q_s——雨水设计流量（L/s）；

q——设计暴雨强度[L/（s·hm²）]；

Ψ——径流系数；

F——汇水面积（hm^2）；

$1hm^2 = 10\,000m^2$。

3.设计雨水管渠的降雨历时

$$t = t_1 + t_2$$

t——降雨历时（min）；

t_1——地面集水时间（min），应根据汇水距离、地形坡度和地面种类计算确定，一般采用5~15min；

t_2——管渠内雨水流行时间（min）。

4.管网重现期取值

雨水管网重现期取值1~3年。当降雨强度不超过10年一遇，地面积水设计及标准道路积水≤15cm。

5.综合径流系数

屋面混凝土路面0.85~0.95；级配碎石路面0.4~0.5；绿地0.1~0.2；裸露地面0.35~0.40。

6.地面集水时间

在地面平坦、地面种类接近、降雨强度相差不大的情况下，地面集水距离是决定集水时间长短的主要因素；地面集水距离的合理范围是50~150m，采用的集水时间为5~15min。

7.雨水调节池

场区地面明显低于周边环境，为提高排水安全性，经济的做法是结合场区公共绿地、硬化场地等公共设施，设雨水调蓄池。

8.主要工程管网技术参数

（1）管道最大流速。金属管道为10.0m/s；非金属管道为5.0m/s。排水明渠的最大设计流速分别为混凝土明渠4.0m/s；浆砌石或砖4.0m/s；草皮护坡1.6m/s。

（2）管道最小流速。雨水管道在满流时0.75m/s，明渠为0.4m/s，排水管道采用压力流时，压力管道的设计流速宜采用0.7~2.0m/s。

（3）管顶最小覆土深度。管顶最小覆土深度，应根据管材强度、外部荷载、土壤冰冻深度和土壤性质等条件，结合当地埋管经验确定。管顶最小覆土深度宜为：人行道下0.6m，车行道下0.7m。

（4）管渠平面位置和高程，应根据地形、土质、地下水位、道路情况、原有的和规划的地下设施、施工条件以及养护管理方便等因素综合考虑确定。

9.雨水收集分流

（1）排水系统。屋面雨水汇集：采用屋面有组织排水，屋面雨水管管径不小于Φ75UPVC（镀锌铁皮），雨水管间距18~24m，每根雨水管汇水面积200~250m²。屋面自由落水，出檐宽度不小于40cm。散水宽度1~1.5m，坡度4%~5%。

道路排水：场地排水坡度大于0.5%的规模化猪场，污水处理设计做到三防"防雨、防渗漏、防腐蚀"，可采用地面径流、道路排水。

明沟排水系统：地面排水沟规格深30cm×宽30cm，可采用成品、混过凝土浇筑、砖或石块砌筑，排水坡度0.5%~0.6%，每隔20~50m设1个雨水井，转弯处、连接处设雨水井。

地埋管排水系统：根据流量查《给排水设计手册》确定管径和管材，雨水管主管道采用D300~D600管径，按UPVC双壁波纹管或承插式钢筋混凝土排水管设计。D300的雨水口连接支管采用UPVC双壁波纹管。每隔20~50m设1个雨水口（井），转弯处、连接处设雨水井。

（2）检查井管道交会处、转弯处、管径或坡度改变处、跌水处以及直线管段上每隔一定距离设置检查井。雨水检查井采用圆形雨水检查。检查井井盖和盖座均采用钢纤维混凝土，井顶标高高出地面0.15m。

（3）雨水口道路雨水口均采用丙型单算雨水口，材料采用钢纤维混凝土。雨水井圈高程比该处道路路面低20mm，并与附近路面接顺（纵向坡度i=0.3，横向坡度i=0.06）。雨水口连接管为D300，坡度不小于0.01，起点覆土不小于0.7m。道路竖曲线最低点、道路交叉口附近及未置于道路最低洼处的雨水口，在实施时应调整至实际路面的最低洼点，以保证有效收水。

五、污水管网系统设计

养殖场污水管网系统设计需要专业设计资质的单位来进行设计，避免由于管网设计不专业造成损失以及使用上的不合理或不方便。

（一）设计参数

1.生活污水量

设计综合生活污水量：每人140~180L/d（室内有排水设备、淋浴设备）。

2.生产污水

干清粪生产污水流量：每头10~15L/d（经验值）。

3.粪水（水泡粪）

水泡粪生产污水流量：每头20~25L/d（经验值）。

4.污水量变化系数

生活污水量变化系数取1.5，生产污水量取1.2。

5.管顶最小覆土深度

管顶最小覆土深度，应根据管材强度、外部荷载、土壤冰冻深度和土壤性质等条件，结合当地埋管经验确定。管顶最小覆土深度宜为：人行道下0.6m，车行道下0.7m。

（二）污水收集分流及附属设施

养殖场污水通过管网输送到污水处理系统。

地埋管排水系统：根据流量查《给排水设计手册》确定管径和管材，排水管主管道采用D300~D600管径，水泡粪废水建议管道采用D600~D1200管径，UPVC双壁波纹管或承插式钢筋混凝土排水管设计；D200~D300的污水连接支管采用UPVC双壁波纹管，最小坡度0.3%，每隔20~50m设1个检查井，转弯处、连接处设检查井。

六、畜禽粪便干湿分离技术

我国人口众多，耕地面积少，畜禽需求量大，很多地区养殖密度高，粪污不能得到有效处理和消纳，带来养殖区域环境污染。利用干湿分离和堆肥方法，可较好减少液体处理、就地消纳和储存量，干湿分离后干粪堆肥可扩大消纳区域，是实现粪污全利用和零排放的重要举措，同时也是畜禽养殖总量减排的重要环节。水冲粪与干清粪的肥水理化指标对比见表3-2。

干湿分离是将畜禽干粪便与冲洗水、部分尿液分离的粪便收集方法，分离的重点是冲洗水，畜禽尿液应尽量分离，养殖场应尽量采用干湿分离清粪工艺。常用的方法有絮凝分离法、沉降法、蒸发法和机械法等，分离出的干粪用于堆肥，湿粪通过厌氧发酵形成沼渣沼液。

表3-2　水冲粪与干清粪的肥水理化指标对比

项目	水冲粪的废水	干清粪的废水
酸碱度（pH值）	7.1	6.8
化学耗氧量（COD）/（mg/L）	13 000～14 000	9 814～10 200
生化需氧量（BOD）/（mg/L）	8 000～9 600	3 407～5 130
总固形物（T.S）/（g/L）	210～303	120～174
挥发性固形物（V.S）/（g/L）	120～261	98～102
T.S/V.S	57～86.1	81.7～58.6
氨氮（NH_3-N）/（mg/L）	2 120～4 168	1 200～2 100
总悬浮物（SS）/（mg/L）	134 640～140 000	67 320～97 300
总氮（TN）/（g/L）	40～30.7	25～20.8
磷（P_2O_5）/（g/L）	115.8	57.9

（一）畜禽养殖粪污的干湿分离工艺

一是粪污干湿分离除水冲粪、水泡粪清粪工艺外的其他粪污收集系统包括：粪尿干湿自然分离、人工干粪清理分离、粪尿集中收集和冲洗水分离等方式，这些都属于干湿分离或部分干湿分离工艺。

二是收集干粪必须设置干粪储存设施、装运设施或配套堆肥处理设施，干粪储存和堆肥设施必须有防雨措施的设施，干粪处理设施储存时间应满足当地农肥利用的需求，干粪要得到利用才能实现干湿分离、粪污消纳的目的。

三是粪污的干湿分离工艺应设置相应雨污分流设施，防止雨水进入干粪和液粪收集系统。

（二）干湿分离干清粪率的计算

采用全人工干清粪，尿液自然分流收集，配套足够干粪储存和堆肥设施的养殖场，干清粪率按100％计算。

采用粪尿混合收集，冲洗水分流收集，配套足够干粪储存和堆肥设施的养殖场，干清粪率按70％计算。

采用全人工干清粪，尿液自然分流收集，配套足够干粪储存（含干粪袋装），无堆肥设施的养殖场，干清粪率按80％计算。未配置完善干粪储存设施和堆肥设施的养殖场，干清粪率按50％计算。

采用粪尿混合收集，冲洗水分流收集，配套足够干粪储存（含干粪袋装），无堆肥设施的养殖场，干清粪率按50％计算。未配置完善干粪储存设施和堆肥设施的养殖场，干清粪率按30％计算。

对于生猪扩繁和育肥共存养殖场，产床粪便采用水冲粪方式，在计算干清粪比例时应按产粪量扣除水冲粪部分再计算干清粪率。

养鸡场采用粪便人工收集，按以上的第1条和第3条计算。晚上不回圈的全放养鸡场，不计算干粪收集率；晚上回圈的放养方式，并采用干清粪的鸡场，按50％计算干粪收集率。

第四章

养殖场粪污处理过程控制技术

畜禽粪污无害化处理设施配套是指养殖场处理畜禽粪便污水需要配套的建筑设施、机械设备等，是农业工程中典型的建设活动，必须严格遵守和执行国家现行的规范、规定和标准，必须进行科学合理的规划、设计、施工及竣工验收。

一、设施配套必须遵守的国家及行业规范

（一）畜牧业类标准和规范

GB 18596—2001《畜禽养殖业污染物排放标准》；

GB/T 27622—2011《畜禽粪便贮存设施设计要求》；

GB/T 26624—2011《畜禽养殖污水贮存设施设计要求》；

GB/T 25246—2010《畜禽粪便还田技术规范》；

NY/T 2065—2011《沼肥施用技术规范》；

NY/T 2374—2013《沼气工程沼液沼渣后处理技术规范》；

GB 5084—2021《农田灌溉水质标准》；

GB/T 36195—2018《畜禽粪便无害化处理技术规范》；

CJJ/T 54—2017《污水自然处理工程技术规程》；

《第一次全国污染源普查畜禽养殖业源产排污系数手册》；

NY/T 525—2021《有机肥料》；

《"十二五"主要污染物总量减排核算细则》。

（二）建筑工程类标准和规范

GB 50016—2014（2018年版）《建筑设计防火规范》；

GB 50352—2005《民用建筑设计通则》；

GB 50187—2019《工业企业总平面设计规范》；

GB 50009—2012《建筑结构荷载规范》；

GB 50010—2010（2015年版）《混凝土结构设计规范》；

GB 50011—2010（2016年版）《建筑抗震设计规范》；

GB 50191—2012《构筑物抗震设计规范》；

GB 50007—2011《建筑地基基础设计规范》；

JGJ 79—2012《建筑地基处理技术规范》；

GB 51004—2015《建筑地基基础工程施工规范》；

GB/T 50476—2019《混凝土结构耐久性设计规范》；

GB 50025—2018《湿陷性黄土地区建筑规范》；

GB 50003—2011《砌体结构设计规范》；

GB 50017—2017《钢结构设计规范》；

JGJ 107—2016《钢筋机械技术连接规程》；

GB 50108—2008《地下工程防水技术》；

GB 50046—2008《工业建筑防腐蚀设计规范》；

GB 50014—2006（2016年版）《室外排水设计规范》；

GB 50015—2003（2009年版）《建筑给水排水设计规范》。

（三）设施配套原则

（1）规模养殖场根据土地承载能力确定适宜养殖规模。

（2）根据畜种、规模大小、管理水平、资金投入选择适宜粪污处理工艺。

（3）根据粪污处理工艺科学配套建设养殖场必要的粪污收集、储存、处理的建筑设施和先进的粪污处理及资源化利用设备。

（4）使用堆肥发酵菌剂、粪水处理菌剂和臭气控制菌剂等，加速粪污无害化处理过程，减少氮磷和臭气排放。

（5）按照相关的标准，规范畜禽养殖场规划、设计、建设、管理等。

二、设施配套技术指标与计算过程

1.技术指标来源

《"十二五"主要污染物总量减排核算细则》；

《畜禽规模养殖场粪污资源化利用设施建设规范（试行）》；

《第一次全国污染源普查畜禽养殖业源产排污系数手册》；

GB/T 27622—2011《畜禽粪便贮存设施设计要求》；

GB/T 26624—2011《畜禽养殖污水贮存设施设计要求》。

2.计算方法

（1）粪便贮存设施容积计算。

$$S = \frac{N \cdot Q_w \cdot D}{\rho_M}$$

N——动物单位的数量，每1 000kg活体重为1个动物单位；

Q_w——每个动物单位每天产生的粪便量，单位为千克每日（kg/d）；

D——贮存时间，单位为日（d）；

ρ_M——粪便密度，单位为千克每立方米（kg/m³）；

注：猪、牛每个动物单位为百头；鸡每个动物单位为千只；每动物单位日产粪量及粪便密度见表4-1。

表4-1 每动物单位日产粪量及粪便密度

参数	单位	动物种类						
		生猪	蛋鸡	肉鸡	奶牛	肉牛	绵羊	山羊
鲜粪	kg	84	64	85	86	58	40	41
粪便密度	kg/m³	990	970	1 000	990	1 000	1 000	1 000

（2）污水贮存设施总容积计算。

$$V = L_w + R_\gamma + P$$

L_w——养殖污水体积，单位为立方米（m³）；

R_γ——降雨体积，单位为立方米（m³）；

P——预留体积，单位为立方米（m³）；

养殖污水系数1.2；生活污水系数1.5。

（3）养殖污水体积计算。

$$L_w = N \cdot Q \cdot D$$

N——动物数量，猪和牛的单位为百头，鸡的单位为千只；

Q——畜禽养殖业每天最高允许排放量；猪场和牛场的单位为立方米每百头每天[（m³/（百头·d）]；鸡场的单位为立方米每千只每天[（m³/千只·d）]；

D——污水储存时间，单位为天（d）。

（4）降雨体积计算。按25年一遇每日能收集的最大雨水量（m³/d）与平均降雨持续时间进行计算。如设计防雨设施，降雨体积为0。

（5）预留体积计算。预留高度不小于0.9m，预留体积按照设施的实际长和宽以及预留高度进行计算。

3.计算方法注意事项

（1）技术指标应使用统一的标准单位，确保得出正确的结果。计算结果对建筑设施、设备配套有引导作用。

（2）计算结果中的建筑设施体积或面积是理论值，设计时应考虑建筑物墙体，防溢流高度，结构标准开间、跨度、材料规格等的影响。

（3）应考虑设备工艺、生产能力和尺寸对建筑设计的要求。

（4）所有设施设备应考虑防雨雪、防渗漏和防腐措施，建筑设计应采取相应的工程措施。

（5）计算结果是生产要求，设计时要综合考虑以上事项。

（6）应根据计算结果合理选择清粪工艺和设施设备。

（7）设施设备的选择应考虑到投资成本，一旦进入设计阶段，投资的不可逆转性逐渐体现，应根据养殖种类、规模、管理能力、投资状况选择合适的工艺、设施、设备。

（8）经济、实用、适用是探讨畜禽粪污实现减量化、无害化、资源化的最终目标。

4.技术参数

（1）畜禽不同饲养阶段排泄养分量推荐值见表4-2。

表4-2　畜禽不同饲养阶段排泄养分量推荐值

动物种类	饲养阶段	参考体重/kg	粪便量/[kg/(d·头)]	尿液量/[L/(d·头)]	全氮/[g/(d·头)]	全磷/[g/(d·头)]
生猪	保育猪	27	1.04±0.18	1.23±0.61	20.40±5.74	3.48±1.28
生猪	育肥猪	70	1.81±0.11	2.14±0.99	33.23±10.36	6.06±1.78
生猪	繁殖母猪	210	2.04±0.59	3.58±1.56	43.66±12.78	9.93±4.44
奶牛	育成牛	375	14.83±1.61	8.19±1.21	121.68±14.12	14.31±6.15
奶牛	产奶牛	686	32.86±1.81	13.19±1.87	274.23±43.92	38.27±7.73
肉牛	育肥牛	406	15.01±1.73	7.09±3.19	72.74±7.57	13.69±4.16
蛋鸡	育雏育成	1.2	0.08±0.01	—	0.66±0.03	0.18±0.002
蛋鸡	产蛋	1.9	0.17±0.04	—	1.42±0.06	0.42±0.002
肉鸡	肉鸡	1.0	0.12±0.02	—	1.27±0.61	0.30±0.27

数据来源：董红敏，2019. 畜禽养殖业粪便污染监测核算方法与产排污系数手册[M].北京：科学出版社。

（2）畜禽粪便配套设施技术参数见表4-3。

表4-3　畜禽粪便配套设施技术参数

畜种	粪便农业利用		污水/尿液农业利用		污水/尿液采用厌氧—好氧—深度处理		粪便生产有机肥	技术参数		
	堆粪场/(m³/头)	消纳土地/(亩*/头)	尿液储存池/(m³/头)	消纳土地/(亩/头)	厌氧池/m³	好氧池/m²	有机肥/t	沼气/(m³/头)	产气量	发电量
生猪（出栏）	0.1	0.2	0.3	0.2	0.1	0.01	0.25	0.2		1.5
奶牛（存栏）	0.5	2.5	1.5	2.5	0.5	0.05	0.25	1	—	—
肉牛（出栏）	1	5	3	5	1	0.1	0.25	2	—	—
蛋鸡（存栏）	0.002	0.02					0.25			
肉鸡（出栏）	0.0005	0.005					0.25			

注：*1亩≈667m²，15亩=1hm²。

（3）集约化畜禽养殖业水冲工艺最高允许排水量见表4-4。

表4-4　集约化畜禽养殖业水冲工艺最高允许排水量

种类	猪/ [m³/(百头·d)]		鸡/ [m³/(千只·d)]		牛/ [m³/(百头·d)]	
季节	冬季	夏季	冬季	夏季	冬季	夏季
标准值	2.5	3.5	0.8	1.2	20	30

注：废水最高允许排水量的单位中，百头、千只均指存栏数。春、秋季废水最高允许排水量按冬、夏两季的平均值计算。

（4）集约化畜禽养殖业干清粪工艺最高允许排水量见表4-5。

表4-5　集约化畜禽养殖业干清粪工艺最高允许排水量

种类	猪/ [m³/(百头·d)]		鸡/ [m³/(千只·d)]		牛/ [m³/(百头·d)]	
季节	冬季	夏季	冬季	夏季	冬季	夏季
标准值	1.2	1.8	0.5	0.7	17	20

注：废水最高允许排水量的单位中，百头、千只均指存栏数。春、秋季废水最高允许排水量按冬、夏两季的平均值计算。

（5）不同畜种产污系数见表4-6。

表4-6　不同畜种产污系数

畜禽养殖类别	猪/ (kg/头)	奶牛/ (kg/头·年)	肉牛/ (kg/头)	蛋鸡/ (kg/头·年)	肉鸡/ (kg/只)
COD产生系数	36	1 065	712	3.32	0.99
NH_3-N产生系数	1.80	2.85	2.52	0.10	0.02

三、设施配套对养殖场设计的基本要求

一是制定合理的清粪制度：制定与无害化过程相适应的清粪制度，选择适合养殖规模的建筑设施、生产加工设备。

二是合理选址：避开场地严重液化、自重湿陷性3~4级的场地、地下水位高的场地，无法避开则采用合理地基处理方法减轻液化和自重湿陷性土地基危害，建筑设施及管网执行《湿陷性黄土地区规范》（GB 50025—2018）的相关要求。

三是根据实际情况配套设施建筑面积：在计算结果的基础上考虑设备工艺、尺寸、建筑墙体及建筑利用率等因素，要符合设施建筑实际要求。

四是建筑设施要三防：防雨、防渗漏、防腐对建筑设施的影响。

五是结构合理：结构开间跨度、建筑材料对建筑设计的影响。

六是设计合理的总平面布局：进行科学的场地测量及地质勘查，一般竖向设计较合理。

七是设计雨污分流系统：屋面雨水均为有组织排水；地面雨水根据场地地面高差测量做好总平面竖向设计，地面雨水设计有2种设计方式（道路排水和管网排水）。建筑物四周散水宽度一般地质状况不小于800mm，湿陷性黄土散水宽度不小于1500mm，且建筑物四周6m范围内场地平整，坡度大于1%坡向四周。

四、标准养殖规模粪污量及设施配套计算

（一）蛋鸡养殖场粪污资源化利用设施配套技术参数

随着养殖设备、环境控制设备、清粪设备、集蛋设备的自动化，以及立体养殖笼养的普及，蛋鸡场的养殖规模也不断扩大。一般情况下，每栋鸡舍可饲养蛋鸡2.5万~5万只，一个养殖场的养殖规模至少达到2.5万只。本书设定养殖场养殖规模为2.5万只、5万只、10万只、20万只、25万只，列表计算每天粪便产生量、堆粪场容积、有机肥成品库面积；如果配套大型发酵罐设备可不设计堆粪场，但需设有机肥成品库（散装或袋装），详见表4-7。

表4-7　蛋鸡养殖场粪污资源化利用设施配套技术参数

存栏/只	粪污产生量		设施配套参数					
			堆粪场	有机肥成品库				污水池
	日产生量/kg	年产生量/t	建设容积/m³	库存周期/d	库存量/kg	库存容积/m³	堆高3m折算面积/m²	最大允许排水量/m³
25 000	4 250	1 551	50	180	191 250	273	91	17.5
50 000	8 500	3 103	100	180	382 500	546	182	35
100 000	17 000	6 205	200	180	765 000	1 093	364	70
200 000	34 000	12 410	400	180	1 530 000	2 186	729	140
250 000	42 500	15 513	500	180	1 912 500	2 732	911	175

注：堆粪场建设容积计算依据来源于《"十二五"主要污染物总量减排核算细则》。

（二）肉鸡养殖场粪污资源化利用设施配套技术参数

肉鸡养殖场生产工艺相对于蛋鸡养殖场养殖工艺更加简单，立体养殖鸡笼、环境控制设备、清粪设备的自动化应用更加广泛，使普通肉鸡场的养殖规模相对更大，一般情况下，每栋鸡舍可饲养肉鸡5万只，一个养殖场的养殖规模至少能达到10万只。本书设定养殖场养殖规模为10万只、20万只、30万只、50万只、100万只，其余设定条件与蛋鸡场相同，详见表4-8。

表4-8　肉鸡养殖场粪污资源化利用设施配套技术参数

出栏/只	存栏/只	粪污产生量		设施配套技术参数					
				堆粪场	有机肥成品库				污水池
		日产生量 kg	/年产生量/t	建设容积/m³	库存周期/d	库存量/kg	库存容积/m³	堆高3m折算面积/m²	最大允许排水量/m³
100 000	16 667	2 000	730	50	180	90 000	129	43	12
200 000	33 334	4 000	1 460	100	180	180 000	258	86	23
300 000	50 000	6 000	2 190	150	180	270 000	386	129	35
500 000	83 334	10 000	3 650	250	180	450 000	643	215	58
1 000 000	166 667	20 000	7 300	500	180	900 000	1 286	429	117

注：堆粪场建设容积计算依据来源于《"十二五"主要污染物总量减排核算细则》。

（三）生猪养殖场粪污资源化利用设施配套技术参数

一般生猪养殖场猪群结构包括繁殖母猪群、哺乳仔猪群、保育仔猪群、生长育肥猪群、后备母猪群、公猪群、后备公猪群，以周为生产节律。养殖设备除母猪群养设备、人工授精设备、环境控制设备自动化程度比较高外，饲喂设备、饮水设备、清粪设备部分自动化，大部分中小型生猪养殖场均以人工操作为主。目前大规模、超大规模养猪场的粪污处理设施一般配套大型沼气池，沼渣、沼液及污水生态处理比较到位，但建设及运行维护成本高。

本书设定养殖场养殖规模为1 000头、2 000头、5 000头、10 000头、20 000头为例，列表计算粪便产生量，堆粪场容积，有机肥成品库面积，尿液储存池、污水/尿液采用厌氧—好氧—深度处理池容积，详见表4-9。

表4-9　生猪养殖场粪污资源化利用设施配套技术参数

出栏/头	存栏/头	粪污产生量		设施配套技术参数								
				堆粪场	尿液储存池		污水/尿液采用厌氧—好氧—深度处理		有机肥成品库			
		日产粪便量/kg	日产尿液量/L	建设容积/m³	储存周期/d	建设容积/m³	厌氧池/m³	好氧池/m³	库存周期/d	库存量/kg	库存容积/m³	堆高3m折算面积/m²
1 000	538	981	3 600	100	180	648	100	10	180	44 163	63	21
2 000	1 076	1 963	7 200	200	180	1 296	200	20	180	88 326	126	42
5 000	2 690	4 907	18 000	500	180	3 240	500	50	180	220 815	315	105
10 000	5 380	9 814	36 000	1 000	180	6 480	1 000	100	180	441 630	631	210
20 000	10 760	19 628	72 000	2 000	180	12 960	2 000	200	180	883 260	1 262	421

注：堆粪场建设容积，污水/尿液好氧池、厌氧池建设容积的计算依据来源于《"十二五"主要污染物总量减排核算细则》。

（四）肉牛养殖场粪污资源化利用设施配套技术参数

根据统计数据显示，一般肉牛养殖场的养殖规模为200~300头，2 000头及以上的规模化养殖场较少，且均以育肥为主。养殖设备除清粪设备部分利用自动刮粪板以外，大部分均以人工操作为主。本书设定养殖场养殖规模为300头、500头、1 000头、2 000头、5 000头为例，列表计算粪便产生量，堆粪场容积，有机肥成品库面积，尿液储存池、污水/尿液采用厌氧—好氧—深度处理池容积，详见表4-10。

表4-10　肉牛养殖场粪污资源化利用设施配套参数

出栏/头	存栏/头	粪污产生量		粪污储存池		污水/尿液采用厌氧—好氧—深度处理		有机肥成品库			
		日产粪便量/kg	日产尿液量/L	堆粪场/m³	污水/尿液储存池/m³	厌氧池/m²	好氧池/m³	库存周期/d	库存量/kg	库存容积/m³	堆高3m折算面积/m²
600	300	4 503	2 127	600	1 800	600	60	180	202 635	289	96
1 000	500	7 505	3 545	1 000	3 000	1 000	100	180	337 725	482	161
2 000	1 000	15 010	7 090	2 000	6 000	2 000	200	180	675 450	965	322
4 000	2 000	30 020	14 180	4 000	12 000	4 000	400	180	1 350 900	1 930	643
10 000	5 000	75 050	35 450	10 000	30 000	10 000	1 000	180	3 377 250	4 825	1 608

注：堆粪场、污水储存池、好氧池、厌氧池建设容积的计算依据来源于《"十二五"主要污染物总量减排核算细则》。

（五）奶牛养殖场粪污资源化利用设施配套技术参数

根据统计数据显示，一般奶牛养殖场的养殖规模为500~2 000头，5 000头及以上的规模化养殖场较少。奶牛养殖场生产工艺比较复杂，除了应按牛群结构分类分群舍饲养外，应按泌乳牛养殖数量配套不同类型的挤奶厅及设备。养殖设备除清粪设备部分利用自动刮粪板，装载机清粪，规模较小的养殖场大部分均以人工操作为主。本书设定养殖场养殖规模为500头、1 000头、2 000头、3 000头、5 000头为例，列表计算粪便产生量，堆粪场容积，有机肥成品库面积，尿液储存池、污水/尿液采用厌氧—好氧—深度处理池容积，详见表4-11。

表4-11　奶牛养殖场粪污资源化利用设施配套参数

存栏/头	粪污产生量		堆粪场		污水/尿液储存池	污水/尿液采用厌氧—好氧—深度处理		有机肥成品库			
	日产粪便量/kg	日产尿液量/L	建设容积/m³	储存周期/d	建设容积/m³	厌氧池/m²	好氧池/m³	库存周期/d	库存量/kg	库存容积/m³	堆高3m折算面积/m²
500	12 824	5 595	250	180	1 209	250	25	180	577 080	824	275
1 000	25 648	11 190	500	180	2 417	500	50	180	1 154 160	1 649	550
2 000	51 296	22 380	1 000	180	4 834	1 000	100	180	2 308 320	3 298	1 099
3 000	76 944	33 570	1 500	180	7 251	1 500	150	180	3 462 480	4 946	1 649
5 000	128 240	55 950	2 500	180	12 085	2 500	250	180	5 770 800	8 244	2 748

注：堆粪场建设容积，污水/尿液好氧池、厌氧池建设容积的计算依据来源于《"十二五"主要污染物总量减排核算细则》。

五、设施配套方案设计

（一）建设方应提供的设计条件

1. 清粪工艺方式

清粪方式影响场内粪污的输送方式，从而影响粪污处理设施设备的配套方案设计。干清粪方式生产污水较少，可选择堆肥发酵、翻抛发酵工艺，化粪池污水厌氧处理工艺、一体化设备发酵设备等。水泡粪、管网清粪方式污水产生量大，可选择沼气发酵工艺、配套污水深度处理工艺等。

2. 粪污处理设备选择

根据不同畜种清粪工艺、养殖场规模、投资情况、管理能力、市场开发情况等科学合理选择粪污处理设备。主要有翻抛设备、一体化立式或卧式有机肥加工设备、沼气发酵设备等。

3. 养殖场粪污利用模式

粪肥就地利用模式：与农作物的种类相关——大田作物施肥，温室大棚蔬菜、花卉施肥；

市场模式：有固定的粪肥销售市场，或者与大型有机肥厂、集中处理中心签订粪污协议。

4. 场地及地质条件

粪污处理场地内部的总平面布局：设置在畜禽养殖区域内的粪便处理设施应按照《畜禽场场区设计技术规范》（NY/T 682—2003）的规定设计，应布置在养殖场的生产区、生活管理区的常年主导风向的下风向；建设方提供场地的地形测量图，以便进行场地雨污分流设计；另外场地类型简单、非自重、自重湿陷性黄土Ⅲ级以下，地下水位2m以下，建筑物基础不需要特殊处理，否则需要按建筑规范要求特殊处理。

（二）设计内容

主要包括场地设计、堆粪场、发酵车间及有机肥加工及储存库设计、沼气发酵设施、污水处理设施、稳定塘等。

（三）设计技术要点

1. 场地设计

在建设方提供的场区测量图上，场区布置在养殖区的下风向并设置防疫隔离距离；

科学合理布置堆肥场、发酵车间、有机肥加工车间、污水处理池等建构筑物；场区道路沿场地内建构筑物环形布置，道路宽度不小于3m，转弯半径和使用车辆相匹配，最小不得小于3m，四周与养殖区的防疫隔离区要布置绿化带；建构筑物散水高于自然地坪0.05m，入口高于自然地坪0.03m，场地雨水设计坡向不得向养殖区方向，如果受场地限制要设计限制沟渠或管网疏导，堆粪场、发酵槽等要设计防雨棚，屋面雨水要设计有组织排水，地面雨水要设计管网收集排水，地面雨水径流设计的场地坡度不得小于0.3％，并做好雨污分流。

2. 堆粪场（棚）

堆粪场（棚）主要指用干清粪工艺或经过固液分离后的干物质进行堆肥发酵处理或暂存的设施。

设计要点如下：

（1）畜禽养殖场产生的畜禽粪便应设置专门的储存设施。

（2）畜禽养殖场应分别设置液体和固体废弃物储存设施，畜禽粪便储存设施位置必须距离地表水体400m以上。

（3）畜禽粪便储存设施应设置明显标志和围栏等防护措施保证人畜安全。

（4）储存设施必须有足够的空间来储存粪便。在满足最小储存体积条件下设置预留空间，一般在能够满足最小容量的前提下将深度或高度增加0.5m以上。

（5）对固体粪便储存设施其最小容积为储存期内粪便产生总量加上垫料体积总和。

（6）农田利用时，畜禽粪便储存设施最小容量不能小于当地农业生产使用间隔最长时期内养殖场粪便产生总量。

（7）畜禽粪便储存设施必须进行防渗处理，防止污染地下水。

（8）畜禽粪便储存设施应采取防雨（水）措施。

（9）储存过程中不应产生二次污染，其臭气及污染物排放应符合《畜禽养殖业污染排放标准》（GB 18596—2001）的规定。

（10）符合基本的构筑物模数、防火、卫生隔离距离等要求，防雨，通风，抗渗，耐腐蚀，方便储运车辆进出。

3. 发酵车间

发酵车间是为固体粪便均匀混合发酵菌，或通过翻抛疏松达到增加畜禽粪便含氧量目的以进行更好的好氧发酵的设施。

设计要点：充分考虑发酵车间需配备轨道式翻抛机械或翻抛车辆。当配备轨道式翻抛机械时，地面分隔成若干长条状坑，轨道式翻抛机在条状坑内往复作业。当配备翻抛车辆时，需要在平整的地面上将畜禽粪便预堆成长条状，车辆行驶过时车轮间的翻抛机或拖曳式的翻抛机进行翻抛作业。

4. 有机肥成品库

成品库通常对有机肥等成品进行储藏。但不宜与包装材料库、加工车间等建筑合建。

设计要点：视存储规模，选用砌体结构或钢结构，要符合基本的构筑物模数、防火、防雨、防潮、通风等要求，方便储运车辆进出。

5. 有机肥加工车间

有机肥加工车间指将预处理过的畜禽粪便经过混合（菌种或其他营养物质）→脱水→分筛→成品→包装→入库等有机肥加工工艺进行加工的车间。

设计要点：视加工规模，选用砌体结构或钢结构，要符合基本的构筑物模数、防火等要求，防雨，防潮，通风，方便储运车辆进出。还需特别注意加工粉尘防爆及加工设备电气设施配套设计。

6. 沼气发酵设施

建设内容包括地埋拱形折流式沼气池，湿式储气柜、高效固液分离床、酸化调节池；好氧池、沉淀池；沼气净化间、管理用房；生物氧化塘及附属工程设施等。主要设备包括沼气净化设备、沼液运输车、沼气供户设备、泵及配电、消防和防雷设备等。沼气工程工艺及主要设施设备见图4-1至图4-3和表4-12。

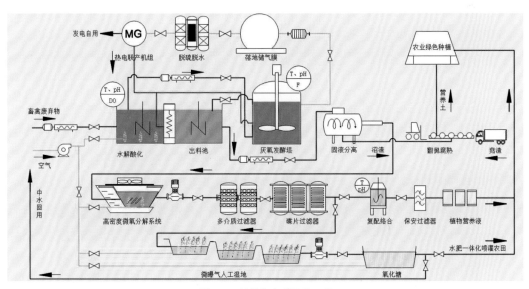

图4-1　规模化大型沼气工程

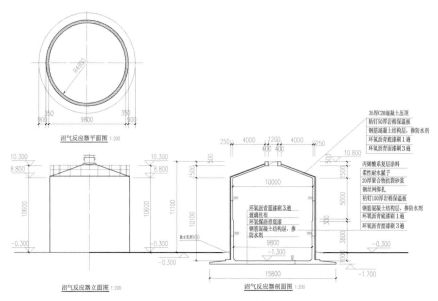

图4-2 沼气反应器设计图（单位：mm）

图4-3 厌氧发酵设施

表4-12 2 000m³沼气站设备配置

序号	名称	规格	数量	备注
1	粗格栅	10mm	1	
2	螺杆提升泵		2	
3	沼液泵		2	
4	电子温度计		1	
5	计量表		1	
6	切割泵		1	
7	加热盘管系统		1	盘管加热
8	搅拌系统		2	
9	反应器保温		763	
10	CSTR反应器	¢ 13.75m*7.2m（1座）	1	搪瓷钢板结构
11	沼渣沼液储罐	¢ 10.70m*6m（1座）	1	搪瓷钢板结构
12	气水分离器	TRQ-300	2	
13	脱硫塔	TRTL-300	2	含脱硫剂
14	阻火器		1	
15	沼气增压系统	套	3.6	含变频器1套
16	热水锅炉	套	10	煤/气两用
17	锅炉软化水系统	套	0.5	
18	锅炉报装费	套	0.5	
19	厂区工艺管线、阀门	套	16.04	
20	输电线路及电气控制	座	11	

设计要点如下：

（1）总体布置应满足大型沼气工程工艺的要求，布置紧凑，便于施工、运行和管理。应结合地形、气象和地质条件等因素，经过技术经济分析确定。

（2）竖向设计应充分利用原有地形坡度，并达到排水畅通、降低能耗、土方平衡的要求。

（3）构筑物的间距应紧凑、合理，并满足施工、设备安装与维护、安全的要求。

（4）附属建筑物宜集中布置，并应与生产设备和处理构筑物保持一定距离。

（5）厌氧反应器、储气柜、输气管道的设计及防火要求见相关规定。

（6）各种管线应全面安排，避免迂回曲折和相互干扰，输送污水、污泥和沼气管线布置应尽量减少管道弯头，以减少能量损耗和便于疏通。各种管线应用不同颜色加以区别。

（7）大型沼气工程应设围墙(栏)。

（8）各建筑物和构筑物群体效果应与周围环境相协调。

（9）主要畜禽污水处理设施应设置溢流口、排泥管、排空阀和检修人孔。厌氧反应器和储气柜应设有安全窗，确保装置正常运转。

（10）应设置给水和排水系统，拦截暴雨的截水沟和排水沟应与场区排水通道相连接；应配置简单的化验设备和必要的仪器、仪表、自动控制设备及沼气流量计；处理构筑物和储气柜应设置护栏等安全设施，护栏高度不宜低于1.1m；大型沼气工程应有保温防冻措施；大型沼气工程供电应按三类负荷设计，站区内设置操作控制间、独立的动力和照明配电系统；大型沼气工程的安全、防爆、防雷与接地参照《生产过程安全卫生要求总则》（GB/T 12801—2008）、《城镇燃气设计规范》（GB 50028—2006）、《建筑设计防水规范》[GB 50016—2014（2018年版）]、《建筑物防雷设计规范》（GB 50057—2010）、《交流电气装置的接地设计规范》（GB/T 50065—2011）等的相关规定执行。

7.污水处理设施

（1）污水处理工艺。如果要求在去除有机物的同时能实现除磷脱氮的功能，在生化处理系统中必须具有水解酸化和好氧发酵的单元，只有这几个单元的有机组合才可以达到去除有机物和去除N、P的功能。常用工艺模式：厌氧发酵工艺、水解酸化工艺和好氧发酵工艺。

（2）养殖场常用污水处理工艺。厌氧生化法、MBR法及生物接触氧化法，比较成熟的工艺组合为：格栅+调节+固液分离+气浮+预酸化+IC+AO+MBR+二氧化氯消毒工艺，该工艺具有技术成熟、效果稳定、污染物去除彻底、操作方便及运行灵活等优点。

（3）建设内容。钢筋混凝土格栅渠、调节池、水解酸化池、厌氧池（塔）、接触氧化池、二沉淀池、MBR池+二氧化氯消毒池、污泥浓缩池等内容。

（4）设备配置。格栅渠配置电机1台、调节池配置渣浆泵2台（一用一备），电机1台、潜水搅拌机2台、固液分离机1台、气浮机、空压机、加药装置、压滤机、曝气装置、混合液回流系统、污泥泵、MBR膜组件、抽水泵、真空泵、二氧化氯发生器及控制系统等。

（5）消防设计。养殖场污水处理区内所有建构筑物均按二级耐火等级设计，其墙、柱、梁、板、楼梯等均采用非燃料体材料，在总图布置上各建筑物之间按《建筑设计防火规范》[GB 50016—2014（2018年版）]要求，留有足够的防火间距，接入相应的消防设施。应相应配备干粉灭火器，控制和防止电缆火灾蔓延。

主要采取以下措施。

①主要动力电缆敷设在地下电缆沟内。

②电缆刷防火涂料。

③电缆孔洞以耐火材料封堵。

（6）防腐设计。所有内部连接管道均采用PVC、不锈钢管材，有很好的耐腐蚀性；

支架及构筑物内支架均进行防腐处理；构筑物、操作间地面采用钢筋混凝土加环氧树脂防腐的结构形式，做到防腐、防渗。污水池和衰变池采用钢筋混凝土加环氧树脂防腐的结构形式，做到防腐、防渗。

8.稳定塘

稳定塘旧称氧化塘或生物塘，是一种利用日光辐射作为初始能量的推动下，主要利用菌藻的共同作用处理废水中的有机污染物。稳定塘污水处理系统具有基建投资和运转费用低、能有效去除污水中的有机物和病原体、无须污泥处理等优点。

主要设计技术要点如下。

（1）稳定塘的分格数不应少于2格。

（2）污水在进入稳定塘前宜经过沉淀处理。

（3）稳定塘可接在其他生物处理流程后作深度处理，也可用来单独处理污水。

（4）多级稳定塘宜布置为可按并联运行，也可按串联运行。

（5）采用多种类型的稳定塘串联方式，可以是厌氧塘+好氧塘或是厌氧塘+兼性塘+好氧塘等。

（6）稳定塘一般采用的串联级：污水经过初次沉淀后，不少于4~5级；污水经过生化处理后，为2~3级。每级面积一般采用1.5~2.5hm²。

（7）稳定塘一般采用矩形，其长宽比不宜大于3，也可采用方形或圆形。

（8）稳定塘堤坝符合下列规定：堤顶最小宽度1.8~2.4m，外坡为4:1~5:1（横：竖），内坡为2:1~3:1（横：竖）。应在内坡上堆放冲乱石，加衬砌或铺砌。建议衬砌的最小值，在稳定塘的水面以上和水面以下，均为0.5m。

（9）稳定塘的超高不应小于0.9m。

（10）稳定塘的进水口位置：对于圆形或方形稳定塘，宜设在接近中心处；对于矩形稳定塘宜设在1/3池长处。

（11）稳定塘出水口的布置，应考虑到能适应塘内水深的变化，宜在不同高度的断面上设置可调节的出流孔口或堰板。

（12）各级稳定塘的每个进出水口均应设置单独的闸门；各级之间应考虑超越设施，以便轮换清除塘内污泥。

（13）塘底应略具坡度，坡向出口方向；拐角处应做成圆角。

（14）在稳定塘出口前，宜设置浮渣挡板。但在精制塘（接受二级出水）出口前，不应设置挡板，以避免截留藻类的可能性。

（15）采用多级稳定塘串联时，宜设置回流设置，回流比（回流水量：进水水量）为1:6。

（16）采用稳定塘作为三级处理时，停留时间一般为1.5~3d，长宽比尽可能大。

（17）应防止污染地下水源和周围大气，妥善处置塘内底泥，一般应考虑塘底止水的衬里处理。

（18）在多级稳定塘后可设计养鱼塘，其水质必须符合《渔业水质标准》（GB 11607—1989）的规定。

（四）地下（半地下）工程防水技术要点

（1）参考标准图集。参考《山西省工程建设标准设计》12系列建筑标准设计图集（DBJT04-35-2012）12J2。

（2）堆粪场和稳定塘有安全隐患的区域安全防护。为了操作方便一般堆粪场设计为地上工程，高于地面500mm，为安全起见，周围设1 200mm高护栏。

（3）建筑结构设计要求。全封闭防水；防水等级为一级，要求结构自防水，并增加1~2种其他防水；防水还应包括主体、施工缝、后浇带、变形缝、管道出入口等细部结构的防水措施，H为2~3m，设计抗渗等级P6。

（4）混凝土要求。混凝土厚度不得小于250mm，裂缝宽度不小于0.2mm且不得贯通，迎水面保护层不得小于50mm；混凝土材料、配合比等应该符合《地下室工程防水技术规范》（GB 50108—2008）的相关规定。

（5）卷材防水。地下工程一般采用高聚合物防水卷材和合成高分子类防水卷材，主要物理性能应符合《地下室工程防水技术规范》（GB 50108—2008）的相关规定；防水卷材应铺设在混凝土结构迎水面，当基层面潮湿时，应涂刷固化型胶或潮湿界面隔离剂；防水卷材的品种规格应根据地下工程的防水等级、地下水位和水压力状况等选择。

（6）明挖法地下工程防水设防要求。

详见表4-13。

表4-13　明挖法地下工程防水设防要求

部位		主体						施工缝						后浇带						变形缝					
防水措施		防水混凝土	防水卷材	防水涂料	塑料防水板	膨润土防水材料	防水砂浆	金属防水板	防水混凝土	防水卷材	防水涂料	塑料防水板	膨润土防水材料	防水砂浆	金属防水板	防水混凝土	防水卷材	防水涂料	塑料防水板	膨润土防水材料	防水砂浆	金属防水板	防水混凝土	防水卷材	防水涂料	塑料防水板	膨润土防水材料	防水砂浆	金属防水板
防水等级	一级	应选	应选1~2种						应选2种						应选	应选2种						应选	应选2种					
	二级	应选	应选1种						应选1~2种						应选	应选1~2种						应选	应选1~2种					

（五）防雨棚标准工程做法

结构类型：轻钢结构。

屋面做法：保温层用30~50mm厚岩棉夹芯板，面材厚度0.5mm厚。

地面做法：60mm厚C25混凝土地面随打随抹；150mm厚3：7灰土垫层，素土夯实。

散水做法：60mm厚现浇混凝土，散水宽1 000~1 500mm，坡度不小于5％。

坡道做法：180mm厚混凝土麻面防滑坡道。

钢结构、护栏刷二道防锈漆；护栏预留操作口，操作口800mm×1 200mm，并做宽度400mm的横向，其余部分护栏间距100mm。

六、粪污处理设备及技术参数

（一）清粪设备

1.传送带清粪设备

驱动功率1~1.5kW，速度10~22m/min，长度100m，宽度可定制。

2.横向清粪设备

传送带清粪机配合横向清粪机使用；操作简单、方便快捷，使用过程中先启动横向清粪机，再启动传送带清粪机，可共用集粪斗系统。

（二）翻抛设备

1.条垛式翻抛机

堆垛宽度2.8m、3m、3.6m、4.3m、5m、5.5m、6m，采取柴油驱动，动力强劲，处理量250~1 700m³/h，可以选择不同型号。

2.移动式翻抛机

采用四轮行走设计，适用在开阔场地或者车间大棚中实施作业。最大的特色是整合了物料发酵后期的破碎功能，提高了粉碎的效率，降低成本，尤其适合将微生物发酵物料生产成上好的生物有机肥。

3.自走式翻堆机

由传动装置、提升装置、行走装置、翻堆装置、转移车等主要部件组成，适用于地槽式发酵。最大特点是节省了大量的人力物力工程，使制肥规模的伸缩性更加随意，尤其适合将农业废弃物、畜禽粪便和有机生活垃圾转化为优质生物有机肥。

4.链式翻抛机

配置高压强制供氧系统，能利用池底的氧气给物料均匀供氧，设备最大的优势是翻堆彻底，移动距离长，发酵周期短，生产能力强。翻堆距离可达10m左右，发酵周期1周左右，年生产能力可达1万~2万t。

5.槽式翻抛机

槽式翻抛机是应用槽式堆肥的翻抛设备，根据槽宽，进口的翻抛机可分为3m、4.5m、5m不同宽度的设备，一般槽高为2m左右，每小时处理量在1 500m³以上，以柴油为动力；国产的设备多以电力为驱动，处理量在800m³以下。

(三)固液分离设备

1.螺旋挤压式固液分离机

用泥浆泵把畜禽粪水送到分离机内，通过安装在筛网中的螺旋轴，挤压分离出固态物质，液体则通过筛网从出液口流出。采用高强度螺旋轴、耐腐合金双螺旋叶片、筛网为不锈钢制作，螺旋叶片采用锰化处理；体积小、转速低、安装、维修方便、费用省、效率高。功率4~11kW，处理量20~35m³/h，处理后固体含水率小于65%。配套三相无堵塞泵，功率3~5kW，流量50m³以上(图4-4)。

图4-4　固液分离机操作现场

2.斜筛网式固液分离机

利用斜筛斜面先过滤1遍污水，过滤出来的稠料再次挤压脱水，处理量大，分离彻底；对粪便中漂浮、悬浮物及沉淀物等分离率能达到95％以上，出渣含固率可达35％以上；适用于低浓度污水的固液分离，斜筛式固液分离机要求物料含水率在90％以上，物料内含固体颗粒度为0.3mm以上，处理后的粪便含水量在40％~60％。处理能力和脱水率强于螺旋挤压式固液分离机。实际使用时，应从畜禽粪便的处理环境，经济性原则及对后期处理工艺的要求等方面综合考虑，选择合适的固液分离设备。

(四)搅拌设备

1.潜水搅拌机

潜水搅拌机分为混合搅拌系列和低速推流系列，畜禽养殖场粪水含有悬浮物须选用混合搅拌机，叶轮具有最佳的水力设计结构，工作效率高，后掠式叶片具有自洁功能可防杂物缠绕、堵塞。要求液体密度不超过1.15kg/m³，潜水深度不超过20m都可以使用。潜水搅拌机的选型是一项比较复杂的工作，选型的正确与否直接影响设备的正常使用。可参照设备厂家提供的安装方案和使用说明并结合传统经验来正确选用。

2.立式桨叶式搅拌机

立式桨叶式搅拌机适用于大批量生产使用，可使物料迅速分散、溶解、颗粒变小，混合调匀效果较好，生产效率较高，适用范围广。该搅拌机是目前国内外先进、理想的机型，具有自动化程度高、搅拌质量好、效率高、能耗低、噪声小及操作方便等特点。

(五)排污设备

水切割式排污泵主要用于排送生活废水、污水、人粪尿及含有短纤维纸屑、木屑、淀粉、泥沙、矿石粒等固体悬浮物和非腐蚀性介质，特别是个体食品加工场，个体养殖场，地下车库卫生间，污水提升，畜牧养殖，农村沼气池，污水处理厂，厨房排污，市政排水等场合使用(图4-5)。

(六)污水一体化处理设备

污水一体化处理设备主要用于生活污水，如饭店、医院、写字楼和居民小区等，还用于工业有机废水，如工业工厂、畜牧养殖场、食品加工厂等。经处理后出水可直接排入雨水管道或作为中水重复利用。其主要处理方法是采用目前较为成熟的生化处理技

图4-5　水切割式排污泵

术——生物接触氧化法。该系统主要由8部分组成：格栅、缺氧池、生物接触氧化池、二沉池、消毒池、污泥池、风机房、自动控制柜（图4-6）。

图4-6　地埋式污水一体化处理设备

（七）农机设备

1.秸秆粉碎机

秸秆粉碎机可粉碎玉米秆、花生皮、豆秆、花柴等能燃烧的农作物废料秆。避免了这些农作物秸秆白白燃烧，很好地保护了环境，有效地开发了再生能源。该机性能可靠、操作简单、方便。该设备生产原料广泛，可适应玉米秆、花生皮、豆秆、花柴等能燃烧的农作物废料秆。

秸秆粉碎机产品特点、用途及应用范围如下。

（1）该产品设计合理、制造质量可靠，具有结构简单、操作方便、体积小、占地少、省工、省电的特点。

（2）设计有全自动控制电加热装置，可随机调节物料的干湿度，保证出料成型的稳定，提高了工作效率。

（3）该粉碎机主要部位采用了经过特殊处理的耐磨材料，所以可连续压制生产，耐用。

（4）该粉碎机特别适用于各种生物质原材料（玉米秸秆、小麦秸秆、棉花秆、稻草、稻壳、花生壳、玉米芯、树枝、树叶、锯末等农作物为原料或木工厂下脚料）的压制成型。

2. 造粒机

转鼓搅齿二合一造粒机是一种可将物料制造成特定形状的成型机械。该机是复合肥行业的关键设备之一，适用于冷、热造粒以及高、中、低浓度复合肥的大规模生产。其主要特点如下。

（1）与自然团聚造粒装置（如回转圆盘造粒机、转鼓造粒机）相比，具有粒度分布集中，并易于控制。

（2）生产的颗粒为球状。有机物含量可高达85%，实现纯有机物造粒。

（3）效率高，更易满足大规模生产的要求。

（4）球形颗粒成粒后无锐角，因此粉化率极低。

3. 烘干机

烘干机是一个与水平方向略成倾斜的圆筒，物料从较高的一端加入，高温热烟气与物料并流进入筒体，随着筒体的转动，物料由于重力的作用运行到较低一端。在圆筒内壁上装有抄板，把物料抄起又洒下，使物料与气流的接触表面增大，以提高干燥速率并促进物料前行。

（八）固体粪便发酵设备

1. 立式发酵设备

该设备原理为将生物发酵技术运用到人类生活中去，即将畜禽粪便、厨余垃圾、生活污泥等废弃物按照一定比例混合均匀后，使混合物含水率达到设计要求后送入发酵罐中（图4-7、图4-8）。在此期间，智能高温好氧污泥处理设备通过通风、充氧、搅拌等作用控制温度在55~60℃，达到微生物发酵处理的最佳温度，在此温度时，能够使堆体中的大量病原菌和寄生虫死亡，同时利用除臭系统对排放的气体进行生物除臭，达到无害化处理的目的。操作人员在外界通过调节原料的水分、氧气含量和温度，为好氧细菌提供活性条件，使其进行高温好氧发酵的技术，微观上说就是利用微生物的活性进行有氧呼吸，将废弃物中的有机质通过生物分

图4-7 立式发酵设备

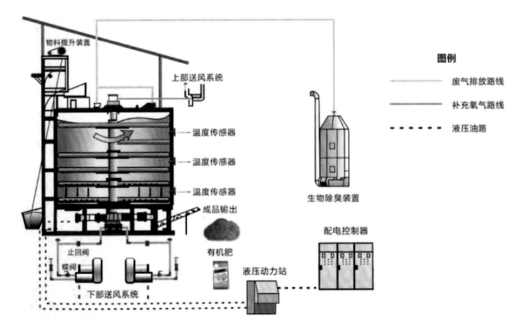

图4-8　立式发酵工艺

解，从而达到无害化、稳定化、减量化、资源化利用的一体化畜禽粪污处理设备。畜禽粪污高温好氧发酵后的产品，可用于土壤改良、园林绿化、垃圾填埋覆盖土等。

其特点是能耗低，运行成本低，并且设备占地面积小，自动化程度高，一人操控即可完成发酵处理过程，大大地减少生产过程中人力物力的投入，极大地降低生产成本。

2.卧式发酵设备

卧式发酵罐也称为发酵滚筒，一般由底座、发酵滚筒、减速电机、驱动齿圈进料装置、出料装置、控制电柜等组成，滚筒内一般有加热装置、曝气装置（图4-9、图4-10）。

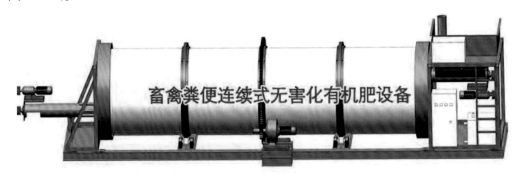

图4-9　卧式发酵设备

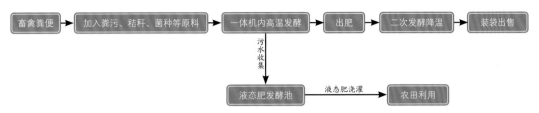

图4-10 卧式发酵设备工艺图

（九）有机肥加工成套设备

1.有机肥加工生产线

加工商品有机肥需要2个步骤：前期发酵与处理和深加工造粒。生物有机肥设备配套需要发酵翻堆机、有机肥粉碎机、滚筒筛分机、卧式混合机、圆盘造粒机、回转烘干机、冷却机、筛分机、包膜机、包装机、输送机等设备。配置生产线，流程如下：原材料采集—高湿物料粉碎机—预湿机—选粒机—烘干机—冷却机—筛分机—包膜机—自动包装。一般小型新建厂以年产1万t（1.5t/h）、2万t（3t/h）、3万t（4.5t/h）为宜，中型工厂以年产5万~10万t为宜，大型工厂以年产10万~30万t为宜。

2.肥料控制项检测设备

高精度肥料养分专用检测设备、电子天平、微型打印机、吸管、比色皿、三角瓶、容量瓶、漏斗、滤纸、铝盒、洗瓶、角勺及氮磷钾药品1套。

（十）专用车辆

1.清粪车

清粪车属于畜牧机械领域，规模化奶牛场清粪车中，车斗为上宽下窄的倒梯形结构，车斗的底为长方形（图4-11）。

图4-11 清粪车

2.吸粪车

（1）农用三轮吸粪车（图4-12）。

（2）汽车吸粪车（图4-13）。

图4-12　农用三轮吸粪车　　　　　　　　　图4-13　汽车吸粪车

3.卧床垫料抛撒车

卧床垫料抛撒车动力强劲，距离长远，扬尘小，效率高，省时省力（图4-14）。

4.液态有机肥施肥罐车

液体有机肥施肥罐车是以拖拉机为动力，把喷洒软管并列排列，形成梳子形状的喷洒支架（也可配置深松施肥犁头），利用真空泵将存储于罐体内的液肥直接输送到土壤中的高效、新型农机装备。施肥罐车具有输送均匀、减少肥料蒸发、保留肥力、避免弄脏农作物等特点。

（1）施肥装置。悬臂抛撒施肥桁架、梳状刀片式施肥装置、自流式施肥桁架、圆盘耙片式施肥犁头、注入深松式施肥犁头。

（2）液体有机肥施肥罐车类型包括有沼液施肥机（图4-15）、液体肥施肥罐车、有机肥灌溉车、水肥浇灌车。

图4-14　垫料抛撒车　　　　　　　　　　图4-15　沼液施肥机

第五章

养殖场粪污资源化末端利用技术

末端利用是指对畜禽粪污经过好氧、厌氧等方式处理后产生的物质进行资源化回收利用的过程，主要包括粪肥还田、清洁回用、达标排放3种模式。

一、粪肥还田

畜禽粪便作为最重要的有机肥资源，具有数量大、养分高等特点，其中含有大量元素N、P、K及微量元素，可供农作物吸收，从养分循环利用的角度看，养殖业和种植业是密不可分的。同时前面介绍的达标排放和清洁回用模式，受制于投资和运行成本高、养殖环境限制等原因，畜禽粪便的末端利用大多数采用粪肥还田的模式，由于模式简单、易操作、处理成本相对较低、可实现农牧结合生态循环利用，适用于不同规模的畜禽养殖场。主要分为粪便利用、粪水利用和沼液利用。

（一）基本原则

1.土地承载力

粪肥还田需根据土壤的承载力情况来决定，若粪肥还田的量在承载力范围内，对土壤来说起到改良和促进作用，反之若超过了土地的承载力，那么粪水对土地来说就成了污染物，将破坏土壤结构和成分，危害农作物生长。因此，养殖场周边须有足够的土地面积来消纳粪肥。

2.输送距离

粪肥的输送包括车辆输送和管道输送，车辆输送能力小，投资小，适合小规模养殖场使用；管道输送能力强，投资大，适合大规模养殖场使用，无论哪种方式，从经济成本角度考虑，输送的距离都有一定限制。

3.收集和储存

粪水还田利用有季节性，而粪水是不间断地产生，粪水还田之前需要足够储存时间，因此，粪水还田时需根据养殖规模建造配套容量的储存池。

4.机械化还田

抛撒机、泵送管道、粪便注入设备等机械的使用，可有效降低劳动力成本和时间成本，提高粪便利用率。

5.安全合理利用

根据地域特点和农作物种植类型以及粪便的特性，应采用适宜的农田利用方式。按种养平衡的原则，采用综合养分管理计划，确定粪水的合理用量，综合测算粪便还田量，实行有机无机肥混施，实现最佳经济价值。

（二）粪便利用

畜禽粪便含有丰富的养分，自古以来一直作为有机肥返还农田，是一种最为经济、简便和资源化循环利用的治理方式，但是，当一定区域内产生的粪便量超过农作物生长所需和土壤自净能力时，不仅会造成氮磷流失污染环境，而且还影响农作物的正常生长。为了确保畜牧业的可持续发展，在一定区域内的养殖密度应确保不超过该地区土壤的承载能力。

1.粪便利用和田间储存

所有集约化养殖场与还田利用的农田间应建立有效的固体粪便运送网络，通过车载形式将粪便运送至农田。运输车辆应具有防渗漏、防流失和防撒落等防止粪便运输过程中污染环境的措施。

粪便运输到田间后储存在储存池中，田间储存池应设置在运输粪便方便的沙石路或机耕路旁的农田间，必须远离各类功能的地表水体。同时，田间储存池应建于地基坚实，高于周边农田，不设置在交通道路周边或坡地内。储存池四周应筑1.5m高，池底须建简易排水沟和小型田间储液池，以便渗沥液收集，并定期抽出施用于农田中。田间储存池采用塑料薄膜覆盖防雨，确保粪便长期堆放自然发酵，并防止堆放腐熟过程中的恶臭释放。田间储存池总容积应以当地农作物最长施肥淡季需储存的粪便总量为依据，最小总容积不得少于90d的储粪量。

田间储存池沤制的畜禽粪便必须完全发酵腐熟和达到畜禽粪便还田技术规范的要求才能还田施用。施用时应根据气象预报选择晴朗天气，避免雨天和下雨前一天施用。施用农田与各功能地表水体距离不得少于5m。

2.粪便农田施用方法

所有粪便还田系统的目标都是将粪肥均匀地抛撒到耕地里，使农作物尽可能地充分利用粪肥的养分。粪肥抛撒到耕地表面暴露于空气之中，由于气体挥发的原因，养分容易流失。而钾、磷等养分则会留在土壤表面，大部分无法被农作物利用，更可能随着降水被冲刷走。因此，最好的做法是用注入设备直接将粪肥注入土壤里，或者在表层施肥之后尽快翻土，将粪肥与土壤混合，减少养分流失，提高农作物对养分的利用率。

（1）基肥。粪便做基肥时，可以选择撒施、沟施、穴施和环状施入农田中。

撒施：即在耕地前将肥料均匀撒于地表，结合耕地把肥料翻入土中，使肥土相融，此方法适用于水田、大田作物及蔬菜作物。

条施（沟施）：即结合犁地开沟，将肥料按条状集中施于农作物播种行内。适用于大田、蔬菜作物。

穴施：即在农作物播种或种植穴内施肥，适用于大田、蔬菜作物。

环状施肥（轮状施肥）：即在入冬前或春季，以农作物主茎为圆心，沿株冠垂直投影边缘外侧开沟，将肥料施入沟中并覆土。适用于多年生果树施肥。

（2）追肥。粪便做追肥时，可以选择条施、穴施、环状施、根外追肥和叶面施肥。

条施：即使用方法同基肥中的条施。适用于大田、蔬菜作物。

穴施：即在苗期按株或在2株间开穴施肥。适用于大田、蔬菜作物。

环状施肥：即使用方法同基施中的环状施肥。适用于多年生果树。

根外追肥：即在农作物生育期间，采用叶面喷施等方法，迅速补充营养满足农作物生长发育的需要。

条施、穴施和环状施肥的沟深、沟宽应按不同农作物、不同生长期的相应生产技术规程的要求执行。

（三）粪水利用

粪水利用是将规模化养殖场产生的尿液、冲洗水及生产过程中产生的水经过一定的处理工艺进行厌氧发酵后，将其作为水和养分资源进行农田施用。

施用厌氧发酵后的粪水可增加农作物产量，厌氧粪水中氮磷养分能够替代化学肥料补充土壤中养分，并且在一定程度上提高农作物养分利用效率，同时，厌氧粪水含有大量有机质，进入土壤后，粪水中活性物质能活化土壤吸附的磷，使土壤被固定的磷更易被植物吸收。另外，粪水施用后可增加土壤孔隙度、土壤有机碳含量。

1.还田输送

经过厌氧处理的养殖粪水集水和养分于一体，进行粪水农田施用时，应根据养殖场匹配农田的地形和位置，合理设置可调配水量的管道、沟渠输送系统或罐车运输系统，确保粪水能到达需肥的农田。

农田与养殖场距离较近（1000m以内），应用衬砌渠道或管道输水，或采取衬砌渠道与管道输水相结合的形式，通过各个支渠进行施用。粪水渠道、管道输送系统应采用防漏、防渗结构，防止粪水输送过程中养分流失。

农田与养殖场距离较远（1000m以外），可在田间建立粪水农田储存池，并设置阀门。应用粪水罐车将厌氧污水运输到农田粪水储存池，使管道、沟渠输送系统与粪水农田储存池连接，进入田间后以中、低压输水管道为主，也可从池中抽取厌氧粪水通过各级管道输水到田间；厌氧粪水农田施用时，避免使用土质渠道，以减少粪水中养分的渗漏，防止地下水污染。

2.田间储存

粪水田间储存池的布置，应根据农田的实际分布情况，以便于能均匀施用，确定粪储存池的数量和位置，须远离各类功能的地表水体。储存池的总容积应以匹配农田农作物最长施肥淡季需储存的畜禽粪水总量为依据。最小总容积不得少于集约化畜禽养殖场90d的粪水储存量。储存池有效深度应在2.0~2.5m，池底不低于地平面以下0.5m，并设置防护栏和醒目标志。储存池设置防渗膜，粪水田间储存池需配置固定或流动的粪水还田设备（图5-1、图5-2）。

图5-1　粪水施肥设施（1）

图5-2　粪水施肥设施（2）

3.水质控制与施用农作物选择

水质标准的控制是实施厌氧粪水施用的关键。控制水质的途径包括以下2个方面。

一是厌氧池和储存池的修建与完善。

二是对粪水的收集设施进行改造，如要改进渠道汇水结构，一般情况下，粪水收集管道要封闭。

经过试验研究发现，农作物对养分的吸收积累随着不同植株的部位而变化，会出现果实、籽粒、叶、茎、根逐渐递增的现象。所以，在选择厌氧粪水施用的农作物时，要根据不同部位不同农作物实行不同的施用方式。

4.农田施用

厌氧粪水施用于农田，水量、施用次数及时期应当充分考虑农作物耗水需肥量、气候条件、土壤水分动态、土壤环境状况及农作物生育等。厌氧粪水农田施用时，在不影响农作物农产品卫生品质的前提下，可因地制宜地采取沟灌、渗灌、漫灌和喷灌方式。

施肥时应根据气象预报选择晴天和干燥土壤，避免雨天和下雨前一天施用。喷洒在农田的粪水必须在24h内注入。同一地块粪水施用时间间隔不得低于7d。施用农田与各类功能的地表水体距离不得少于5m。

不同的农作物可制定不同的厌氧粪水施用次数和施用量，一般为2~3次，单次全量厌氧粪水施用量应控制在300~800m^3/hm^2，各类农田厌氧粪水单次施用量不得超过900m^3/hm^2。对于高风险的土地，厌氧粪水能用的限值为50m^3/hm^2。如种植冬小麦和夏玉米作物，一般可在小麦越冬期、拔节期和抽穗期及玉米种植后进行施用。有清水水源的地方，可以进行清水与厌氧粪水轮换施用或混合施用方式，整个轮作周期厌氧粪水带入氮量控制在240kg/hm^2内。

（四）沼液利用

沼液作为畜禽粪水厌氧发酵产物，是一种宝贵资源。通过农用利用，既能解决畜禽养殖的环保问题，又能与种植业结合，实现资源化利用。通过合理储存、运输、测土配方施肥实现沼液的资源化利用。

1.沼液储存

厌氧反应后的沼液，在非施肥季节暂存于沼液储存池中，根据种植的农作物施肥周期、当地的气候条件及养殖场每天产生的沼液量，设计适当的储存周期，因农作物施肥时间特定，其间可能受天气影响，建议沼液暂存池设计预存6~9个月。暂存池底部需做防渗处理。

2.沼液输送

沼液能否真正地回到农田，过程中的输送非常重要，沼液运输的途径常见的有罐车和管道运输（图5-3、图5-4）。

图5-3　沼液施肥罐车

图5-4　沼液管道施肥

（1）罐车输送。沼液通过罐车输送到农田进行施肥，罐车可自吸自排，工作速度快，容量大，运输方便，操作简单，适用于规模较小的养殖场沼液还田或者需肥地块距离较远的地块。

（2）管道输送。管道输送需一次性投资，但具有使用时间长、便于管理等优点，管道铺设完成后能够更好地按农作物的需肥情况进行施肥。

养殖场自建施肥管网可以采用"污水潜水泵+压力罐+固定管道+预留口"的方式将沼液输送到农田，需要使用时通过软管与预留口连接进行施肥。

（3）沼液施用。施肥时间应根据农作物的养分需求时间确定，施肥一般采用基肥和追肥的方式，基肥可采用沟灌、漫灌的方式，建议隔行施肥，避免过量施肥；追肥依据便捷性原则，可采用沟灌、喷灌、滴灌等方式。

基肥与追肥的施加量应根据土地及农作物不同时间的需肥量来确定，一般大田作物如小麦、玉米，可基肥1次，追肥1次，施加比例可控制在2∶1，具体数据应与农作物匹配。若在地下水水位较浅区域建议采用喷施或滴灌施肥，防止对地下水产生影响。几种主要蔬菜的沼液与化肥配合年施用量可参考《沼肥施用技术规范》（NY/T 2065—2011）的相关规定。

二、清洁回用

（一）模式介绍

清洁回用模式是通过在养殖场高度集成节水的粪便收集、遮雨防渗的粪便运输储存、粪便固液分离等途径，液态粪水深度处理后用于场内冲洗、固态干粪用于堆肥、牛床或发酵床垫料、栽培基质等处理方式。

（二）适用范围

1.养殖品种

清洁回用模式要求严格控制生产用水，减少养殖过程用水量，采用干清粪工艺、场内粪水管网输送、雨污分流、固液分离等各种工艺来减少和减轻末端处理的数量和难度。因此，清洁回用模式比较适用于新建或改扩建规模化猪场和牛场。

2.养殖规模

清洁回用模式要求干粪和粪水在回用前必须深度处理，从而满足工艺要求。因此，该模式投资成本高，工艺技术水平高，运行管理的水平也高，比较适合于规模较大的养殖场。

3.养殖环境

清洁回用模式能够对废弃物进行完全回用或部分回用，废弃物排放量很少，工艺较为复杂，投资和运行成本高，适合于经济水平较高或周边环境要求较严格的地区。另外，缺水地区也适合采用该模式。

（三）注意事项

清洁回用模式应该遵循减量化、无害化、资源化的基本原则，着力减少养殖场粪便的产生量，并实现清洁回用。

减量化：通过饮用水和粪水分离、雨污分离、干湿分离、固液分离等技术手段在源头减少废弃物产生。

无害化：通过控制投入品、粪水深度处理和粪便加工处理，达到无害化的目的。

资源化：畜禽粪便经无害化处理后形成三种资源化产品，粪水重新回用于场内冲洗，粪便用于堆肥、栽培基质、牛床垫料，沼气经脱硫脱水处理后用于养殖场供暖或者发电。

三、达标排放

（一）模式介绍

达标排放模式是在耕地畜禽承载能力有限的区域，大型规模化养殖场的粪水经过厌氧、好氧生化处理、物化深度处理及氧化塘、人工湿地等自然处理，出水水质达到国家排放标准和总量控制要求（图5-5）。

图5-5　污水深度处理达标排放模式

目前，执行的养殖污水排放标准主要有《污水综合排放标准》（GB 8978—2002）、《畜禽养殖业污染物排放标准》（GB 18596—2001）、《城镇污水处理厂污染物排放标准》（GB 18918—2002）等。

（二）适用范围

1.养殖品种

达标排放模式主要适用于生猪、奶牛等大中型规模养殖场，这类企业一般养殖规模大、用水量多，粪水的产生量也大。

2.养殖规模

达标排放模式要求出水水质较高，项目主体投资大、运行费用较高，操作和管理水平要求严格，比较适用于生猪年出栏量1万头以上、奶牛存栏量在1 500头以上的大中型规模化养殖场，粪水每天处理量大于100m³的养殖场相对成本较低。

3.养殖环境

达标排放模式一般是在养殖场周边土地紧张、环境无法消纳沼渣沼液，必须对其进行达标处理后才允许排放的区域。

（三）注意事项

达标排放模式需要较为复杂的机械设备和质量要求较高的构筑物，投资规模大，其设计和运转均需要具有较高技术水平的专业人员来执行，运行费用高。

畜禽粪水处理时，必须先进行固液分离，有效减少粪水中的固形物，否则容易造成设备堵塞，缩短处理系统效果和使用寿命。

达标排放模式流程选用要因地制宜，在气温较低的区域，必须充分考虑温度对生物处理设施和效果的影响，增加相应保温措施。

第六章

山西省畜禽粪污资源化
利用典型案例

一、大同市云冈区四方高科农牧有限公司——种养结合模式

（一）基本情况

大同市云冈区四方高科农牧有限公司（以下简称：四方高科）位于大同市云冈区口泉乡杨家窑村南，距大同市区30km，占地面积500亩，总投资2.3亿元，建成了牛舍、运动场、挤奶厅、青贮窖、干草库、精料库、饲料加工厂、有机肥料生产厂、办公室和职工宿舍等总建筑面积157 481m²。主营业务为鲜牛奶销售、饲料牧草加工、出售良种奶牛。2020年奶牛存栏6 000头，其中泌乳牛3 427头，育成牛1 321头，犊牛1 252头。四方高科与农户、种植合作社紧密合作，形成"公司＋种植＋乳制品加工"的新型发展模式，涉及3万亩的饲草料种植面积，带动农民户约10 000户，每户平均增收10 000元以上。

（二）技术模式主要特点

1.牛—沼液（灌溉水）—田循环

养殖基地产生的粪污和冲洗水，经固液分离后液体进入二级串联厌氧塔（升流式厌氧污泥反应器UASB）进行发酵并生产沼气，为养殖基地提供能源；夏季产生的沼液施用于农田，冬季应急时深度处理后的灌溉水用来浇灌农田。种植基地生产的全株青贮玉米为养殖基地提供饲料；形成"养殖基地—废弃物处理有机肥料（灌溉水）—种植基地"的种养结合的循环模式。

2.牛—肥—田循环

固液分离的固态物进入堆肥厂，生产加工有机肥料；有机肥料和部分沼液分别作为种植玉米基地的底肥和追肥提供营养；此外，产生的部分沼液和有机肥料，为周边村落提供肥料，用于农田种植谷子、马铃薯等农作物。

（三）主要设施设备

1.刮粪板

每个牛舍饲养600头奶牛，安装4套刮粪板，每套单价12万元。可以设置自动开启，也可以人工手动开启，每次循环55min。干刮，不用浇水。每天根据生产需要设定开启次数，最少每天开启3次。冬天为了防止冰冻，夜间12点到凌晨5点前，增加自动刮动次数（图6-1）。

图6-1　自动刮粪板装置

2.沼气生产

（1）机械格栅。在污水进入调节池前，先通过机械格栅截除污水中大的悬浮固体及漂浮物。

（2）综合集水池。当排水不定时，水质、水量在一定时间存在差异，因此设置足够大的集水池才能使进入后续处理工艺的水质、水量稳定。池内设置高低液位指示的控制器，确保污水泵高开低停，自动控制。池内设置潜水推流搅拌机，将污水搅拌均匀并防止污泥在底部淤积。

（3）固液分离机。固液分离机采用螺旋脱水机，该设备对控制厌氧发酵塔污水SS浓度至关重要。经过该机固液分离脱水处理后的废渣含水率≤80%，外观呈蓬松状，无黏性，臭味降低。处理后的干渣可以直接用于堆肥（图6-2至图6-4）。

图6-2　固液分离车间

图6-3 发酵车间

图6-4 晾晒场地

（4）均质调节池。干湿分离后浓缩液进入均质调节池，该池主要是保证后续生化处理进水水量水质的均匀性。池内设有高低液位指示的控制器，确保污水泵高开低停，自动控制，池内设有潜水推流搅拌机，将污水搅拌均匀并防止污泥在底部淤积。

（5）气浮净水器。进水SS浓度过高可导致污泥板结，在进入厌氧发酵塔前设置气浮净水器，可降低SS浓度。气浮净水器是一种多功能净水器，因其处理效果好、效率高、成本低、易管理等优点，应用非常广泛。它可有效去除废水中的COD、BOD以及SS，其中SS去除率≥90%，控制SS浓度小于1 500mg/L。

（6）UASB厌氧塔（二级串联）。2座1 000m³的厌氧塔，二级串联使用，每座塔的污水滞留期为72h。UASB由污泥反应区、气液固三相分离器（包括沉淀区）和气室3部分组成。在底部反应区内存留大量厌氧污泥，具有良好的沉淀性能和凝聚性能的污泥在下部形成污泥层。要处理的污水从厌氧污泥床底部流入与污泥层中的污泥进行混合接触，污泥中的微生物分解污水中的有机物，把它转化为沼气。在污泥床上部由于沼气的搅动形成1个污泥浓度较稀薄的污泥区，和水一起上升进入三相分离器，沼气用导管导出，固液混合液经过三相分离器的沉淀后，与污泥分离后的处理水由出水管排出。

（7）厌氧污泥分离沉淀池。厌氧池出水含有大量厌氧污泥，为避免厌氧污泥对后面好氧工艺产生影响，必须将其去除。厌氧污泥分离沉淀池主要对厌氧池出水进行厌氧污泥分离。污泥斗中污泥自流至污泥池，沉淀池出水自流进入一级兼氧池。

（8）AO生物接触氧化系统（二级串联）。本工艺设计二级AO生物接触氧化系统串联使用，每一级AO系统包含了兼氧池及好氧池，池内设置有不同的布气布水系统，并设置单独的内回流系统。

兼氧池主要利用兼氧生物菌的作用，使废水中大部分难降解有机物降解并消化。为提高处理效果，再利用接触氧化池中的富氧水及二沉池污泥回流进行内循环，从而提高兼氧微生物的吸附能力和微生物的附着生长面积。

好氧池有较高的污泥浓度，除了填料表面生长有生物膜外，在填料间隙还有悬浮生长的微生物，污泥浓度一般可达10~20g/L，比活性污泥法（2~3g/L）高许多。生物膜具有丰富的生物相，膜中的微生物不仅数量多，而且种类也多，形成了稳定的生态系。生物接触氧化工艺具有较高有机负荷和水力负荷率。

（9）生化沉淀池。沉淀池主要对AO系统出水进行泥水固液分离，降低水中SS浓度并去除部分BOD、COD及其他污染物。污泥斗中污泥通过提升泵提升至污泥浓缩池，生化沉淀池部分污泥回流至一级兼氧池。

（10）消毒排放水池。由于废水中含有一定量的细菌，拟采用次氯酸钠消毒，消毒后的水达标排放。

3. 田间标准化清洁化生产

（1）输水管道。根据地形条件，从养殖污水处理区沿周边道路向灌溉区域地势较高区域铺设管线，尽量保证管道铺设所到每个区域的出水口能够覆盖该区域的土地。在杨家窑杏树园、苹果园、设施蔬菜地块最高点均设置阀门，灌溉时配水形成水肥一体化工程。

（2）灌溉渠系。对部分不满足灌溉条件的地块建设灌溉渠系，渠系采用D40U型渠，结合地形布置于田间高侧，有利于灌溉水自流。

（3）田间道路。根据实际情况，按照方便农田运输和机械化作业的原则，部分田间通行条件不好的路段采用砂石硬化方式修建，行车为农田作业车辆和有机肥料运输车辆，道路宽5m，向两侧排水坡度为4％。

（4）有机肥料仓库。在杨家窑的杏树园、苹果园、设施蔬菜地块地势较高、土地平坦、便于运输的位置建设田间固体有机肥料存储库，解决有机肥料施用季节性问题。

（5）沼液存储池。根据地形条件，在杨家窑杏树园、苹果园、设施蔬菜地块的地势较高区域设置沼液存储池。储存池沿灌溉主干道设置于灌溉地块最高处，利用自流方式进行配水。

（四）运行机制

1.种养主体利益联结机制

公司主要采取"公司＋基地＋合作社＋农户"的产业化经营模式，企业与基地实行合同生产、合同管理。利用基地的作用把分散的农户集中起来，最终以合约的形式把农户和公司连接起来。农民负责生产，公司负责加工与销售，基地充当二者的"中介"作用。在实际运行过程中，公司利用自身接近市场的优势提前对农产品价格进行预测，通过与基地签订合约的形式确定本年度生产数量、品种及主要品质和技术指标。公司不仅与基地签订合约，也与农户签订合约。公司与基地以经济合同的形式确定双方的权利义务关系，同时为了保护农户的利益，公司在合约中明确指明了最低收购价（高于当年农产品的实际价格）。在生产过程中，基地也会根据实际情况对农户进行技术培训、物资采购、生产期间的日常管理或标准化的生产规程。待农产品生产之后，由基地根据公司与农户签订的合约，进行检验、收购，最后由公司进行最终加工与销售。

2.粪污利用运行机制

在规模化养殖过程中，保持养殖场环境的清洁，开展清洁健康安全养殖，对养殖废弃物的收集、处理和储存尤为重要。目前公司牛舍及运动场设置雨污分流系统，所有牛舍收集雨水均可自流至雨水明渠排放，污水经暗道输送至粪污处理车间；牛床和运动场垫料采用生物垫料，牛舍内采用刮粪板清理粪便，运动场采用干清粪的方式清理粪便，均有利于粪便的集中收集处理。通过粪污收集、固液分离、有机肥料加工、储存工程，处理固液分离后形成固体粪污加工有机肥料，但固液分离后液体通过厌氧塔处理后生成沼液利用，只有在特殊时期再经过二级AO生物接触氧化系统处理成为农田灌溉水。

（五）效益分析

1.垫料节省成本分析（6 000头奶牛养殖规模测算量）

6 000头奶牛规模化养殖场平均每天处理152t湿牛粪，年处理牛粪便55 480t；一年需要7 200t干牛粪（干物质55%~60%）做垫料，多余的可以制造有机肥料。

6 000头奶牛规模化养殖场，成母牛最少3 600头。奶牛卧床垫料以沙子为例，每个卧床1.5m×2.5m×0.25m=0.94m³，共需要0.94m³×3 600=3 384m³沙子，每立方米沙子价格45元（包括运费），计价15.23万元，最少每3个月更换1次，全年4次×15.23万元=60.92万元，每3d平均添补0.04m厚度，每次添补540m³，每次计价2.43万元，全年添补295.7万元，全年使用沙子做垫料共需要费用356.6万元。

2.节水效益分析

养殖场以启用32套刮粪板计算，每个刮粪板的作业面积若用水冲，每套刮粪板每天最少用2t水，32套刮粪板每天用64t水，每年用23 360t水。

3.固液分离运行成本分析

（1）人工。粪污处理系统日常仅需1人值班，每月工资按2 600元计，即31 200元/年。

（2）电耗。粪污处理系统总装机容量为86kW，满负荷运行系数取0.7，每天运行时间以6h计，电价以0.50元/kW电价计，则年耗电费为65 919元。

（3）固液分离年运行费用。年运行费用为以上2项费用总和，即31 200元+65 919元=97 119元。

二、大同市天和牧业有限公司——大通铺发酵床奶牛粪污收集处理模式

（一）基本情况

大同市天和牧业有限公司成立于2016年1月，位于大同市平城区水泊寺乡塔儿村东，场区占地面积26.7hm²，主要从事奶牛养殖。已经投入资金2亿元，已累计建成标准化牛舍7栋共计46 000m²、青贮窖6个共计20 000m³，阿菲金32位并列式挤奶厅一座2 000m²，是平城区奶牛养殖最大的龙头企业。采用"公司+农户"的模式，初步形成"饲草种植+奶牛养殖+粪污处理+有机肥还田"的产业链循环发展模式。场区建设按照标准化养殖场配套建设，防疫设施齐全，现园区内养殖存栏奶牛2 300头，全部为荷斯坦品种，其中泌乳牛800头，日产鲜奶25t，牧场自有青贮玉米种植66.7hm²，其中33.3hm²为政府复垦的艾庄村废弃沙坑，承包3年来，经建设灌溉系统和大量粪肥改良后，成为每亩可年产青贮饲料玉米4t的吨粮田。

（二）技术模式主要特点

1.大通铺发酵床棚圈建设跨度大

大通铺发酵床涵盖了奶牛的生活区和运动区，长度258m、宽度48m，每头牛按照20m²活动范围配置，整体将运动场囊括在棚圈建设中，牛棚全部采用全自动活动的可提升式半坡屋面封闭棚区（图6-5至图6-8）。平时通过减速电机进行提升通风干燥，阴雨天及时关闭，避免了雨天污水横流污染环境的现象发生，既环保、又有利于养殖管理及控制泌乳牛体细胞对牛奶品质的影响。

图6-5　提升式半坡屋面

图6-6　大通铺发酵床（1）

图6-7　通铺发酵床（2）

图6-8　通铺发酵床（3）

2.大通铺发酵床技术简单易行效果好

大通铺发酵床采用稻壳、锯末、沙子、炉灰、菌棒按比例混合后搅拌抛撒，由于发酵作用，使得场区内没有刺鼻的异味。清粪组人员每天早晚定时旋圈，每月清理1次棚圈，直接将清理出的发酵熟粪售卖给附近农户和大棚种植户，既解决了生粪污染问题，又提高了周边农户的种植产量。

3.大通铺发酵床干燥效果好

该模式改造了全自动恒温电饮水槽（图6-9），更加有力地提升了大通铺发酵床的干燥效果。原来的饮水槽全部在运动场内，牛的顽皮好动和每天的水槽清理工作都不可避免地将运动场弄得潮湿不堪，不利于对牛棚湿度、蹄病的控制，将水槽改到运动场后方，清理的污水不进入运动场，随同粪污一并及时清走，而且牛在吃草后可转身饮水，从而较好地避免了对运动场的二次污染。

图6-9　全自动恒温电饮水槽

（三）关键技术

1.益生菌应用技术

整个工艺的关键技术是有合适的微量益生菌，从而产生对牛粪尿在发酵床内的自动分解，由此形成所谓的大通铺发酵床。大通铺发酵床尤其对提高牛群的舒适度和健康程度比较明显，对泌乳牛的产奶率和减少乳房炎、子宫炎、降低体细胞上均有显著提升。

2.大通铺发酵床粪污收集处理技术

首先是用稻壳、锯末、沙子、炉灰、菌棒按比例混合后，再添加微量益生菌搅拌抛撒，在奶牛舍内形成30cm厚的发酵床，由于是牛舍内整个生活区域全覆盖，形象称之为大通铺发酵床，牛粪在发酵床内自动分解不用清除，消除对生态环境的污染，使圈舍无臭味，发酵床能多年连续使用，每天只需旋耕疏松2次，节省水电和人工，节省粪污处理设施运转费，达到零排放。每月将最上层的熟粪清理1次，因为是发酵后的熟粪可直接售卖、淡季时清理到封闭式三防堆粪场暂时存放，也可深加工成有机肥提升产品附加值。

3.堆肥利用技术

在采用大通铺发酵床前的牛粪处理方式较为简单，清粪工将干粪直接堆放在封闭式的三防堆粪场内，经堆肥发酵30d后用于租赁土地的青贮玉米种植。

（四）主要设施设备

（1）主要设备为混合机械，将稻壳、锯末、沙子、炉灰、菌棒按比例混合，其中添加微量益生菌（图6-10）。

图6-10　炉渣灰

（2）粪污处理设施设备，包括固液分离机、钩机、旋圈机、清粪机（图6-11至图6-14）。

图6-11　固液分离机管道　　　　　　　　图6-12　钩机

图6-13　旋圈机　　　　　　　　　　图6-14　清粪机

（五）运行机制

大通铺发酵床粪污收集处理模式，从配置发酵床基料开始，到种植饲料高株玉米和牧草的有机肥结束，在种养两个截然不同的领域内融合互赢。

稻壳、锯末、沙子、炉灰、菌棒按比例混合—加入微量益生菌—抛撒到牛舍，形成30cm厚的大通铺发酵床—奶牛在大通铺发酵床上生活—每天旋耕2次—牛粪污经过7~15d发酵—每月取15cm的腐熟粪肥混合物—作为有机肥的底肥或追肥上到饲料高株玉米和牧草地里—增加饲料高株玉米和牧草产量、提高品质—收割青贮—加工—饲喂奶牛。

大通铺发酵床粪污收集处理模式，每月收取15cm的腐熟粪肥混合物，作为有机肥的底肥或追肥上到饲料高株玉米和牧草地里直接还田，这种腐熟粪肥混合物是一种全营养均衡的肥料，首先是提高农作物的抗逆性，取代化肥、减少农药，对于增加饲料高株玉米和牧草产量、提高品质有巨大的作用。

（六）效益分析

1.投资成本

大通铺发酵床均用稻壳、锯末、沙子、炉渣灰、菌棒等材料物质，成本如表6-1所示，成本为170元/m³，可铺设3m²，每头奶牛20m²计算，2 300头奶牛需要铺设46 000m²，需要材料15 333.3m³，每年投资材料成本为260.7万元。

表6-1　发酵床材料（1m³）成本

序号	材料名称	比例/%	金额/元
1	稻壳	20	35
2	锯末	20	35
3	沙子	20	20
4	炉渣灰	30	50
5	菌棒	10	25
6	发酵菌	—	5

2.运行成本

人工费用，新增10人用工，按每人每年5万元核计，人工费用每年50万元，企业场区内短途拉运费用，使用电瓶车5辆，费用10万元，2项费用每年60万元。

3.经济效益

大通铺发酵床粪污处理后的有机肥，可年产有机肥2.2万t，每吨价值650元，可实现产值1 400万元，通过提高饲料高株玉米和牧草产量和品质，每亩比不使用的情况增产20%，抗病能力提升，品质更具营养且均衡，更适于奶牛饲喂，利于奶牛正常生产，间接提高牛奶的品质。

此模式充分提高了奶牛的福利待遇，奶牛每天生活在大量有益菌的环境中，极大减少了奶牛疾病（蹄病、乳房炎、繁殖疾病等）的发生和兽药使用量，降低了淘汰率，提高了产奶量，达到了绿色食品水平。产生的有机牛粪肥，用在饲料高株玉米和牧草地里，提高农作物产量和品质，更有利于奶牛生产，形成一个完整的模式。

4.社会效益

本大通铺发酵床粪污收集处理模式考虑奶牛的生活习性、气温、周边资源和牛场规模，尽量做到节能、节水，降低牛场投入和改善奶牛福利，提升企业产品的竞争力，开始了企业由数量规模向质量提升的转型，有利于打造一流的本土养殖企业。

5.环境效益

通过企业场区采用了较为成熟的粪污处理技术措施——大通铺发酵床，结果是全场2 300头奶牛可每天产生粪污60t，进入厂区让人感觉不到刺鼻的牛粪味和任何异味，比传统的奶牛养殖业更加环保，不会对周围环境产生有害的气体，无有害物质排放，实现更大程度的环境优化，从技术上实现了既要金山银山，又要绿水青山的目标，达到双赢。

三、中阳县厚通科技养殖有限公司——"同位热值化—异位肥料化"生态循环模式

（一）基本情况

中阳县厚通科技养殖有限公司位于吕梁市中阳县城西10km处，是集种猪繁育、生猪扩繁、饲料加工、有机肥生产的大型现代畜牧企业。公司于2015年10月一期10万头生猪扩繁项目建成并投产，占地230亩，总投资2.2亿元，建成各类猪舍25栋，约6万m²。配套建成6万t颗粒饲料生产线1条，粪污处理中心1座、10万t液体水溶肥生产线1条、化验检验室1所。目前存栏新美系原种种猪600头，二元能繁母猪3 600头，种公猪80头，后备母猪1 200头，2018年销售收入6 440万元。公司不但发展养殖业还将本县的"核桃产业"融会贯通，发展以养殖促进种植，以种植反哺养殖的循环经济农业，是吕梁市农业产业化龙头企业，并荣获2018年度山西省扶贫龙头企业称号。

（二）技术模式主要特点

（1）两段式分别实现了养猪场粪污的热值化和肥料化等资源化全利用。

（2）异位肥料化利用使粪污高值商品化，克服了养殖场周边土地有限粪污消纳能力不足的问题，扩大了种养结合的时空范围。

（3）该技术模式将养殖废水变为水溶肥料，作为新型环保肥料，使用方便，可喷施、冲施并可与喷滴灌结合使用，在提高肥料利用率、节约农业用水、减少生态环境污染、改善农作物品质以及减少劳动力等方面具有明显优势。采取这种技术模式后，一个大型养猪场就是一个肥料厂。

（三）关键技术

1. 粪热能回收技术

该技术主要利用猪舍内猪排出的粪尿和污水，经过在猪舍内的短暂发酵，采用埋置在粪池底部-70mm处的热回收管道，通过水循环将粪池里的粪污混合物的热量加以回收，能够保证回收的水温达到20~25℃，热回收的水源再收集到热泵工作室，通过热泵压缩机的工作，将20~25℃的水温提高到55℃。然后再将热量再给猪舍供热。末端供热系统采用风机盘管散热，所需要的水温为55℃，符合供暖要求（图6-15至图6-17）。

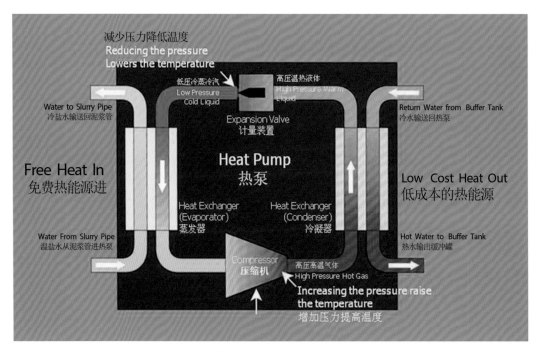

图6-15　热能回收原理

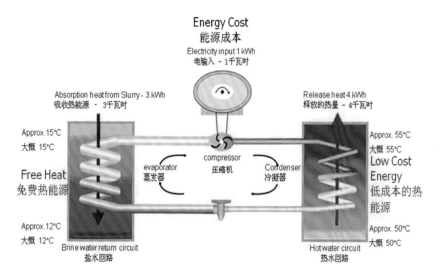

图6-16　能源成本节省示意

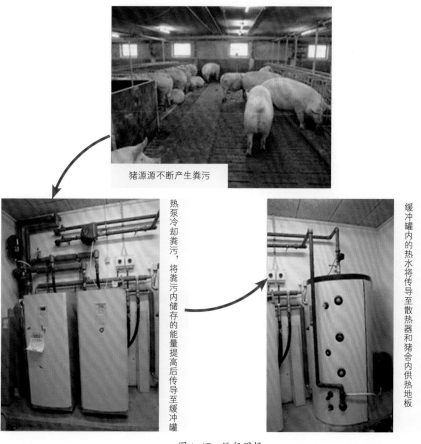

图6-17　运行现场

随着养猪成本的逐步提高，能源成本也不断提高，养猪利润也越来越低。如何节约养猪成本，保护猪场环境，采用粪能热回收技术不但节约养猪成本，对改善猪舍内部环境和猪场周围环境将起到很大作用。

2.固液分离技术

猪场粪污经虹吸管道清粪排放进入集便池，集便池内安装有切割泵和搅拌机，可对所有的粪便持续进行混合、搅拌，混合均匀后的粪便经过20d发酵，产生的热能直接供猪舍用。发酵后的固液混合物再由潜水切割泵通过进料管提升到固液分离机，分离出的固体直接落到下方的固体料平台，液体部分排放至储存塘（1.2万m³），经存储后可直接作为液态有机肥作为农田有机肥料使用（图6-18）。

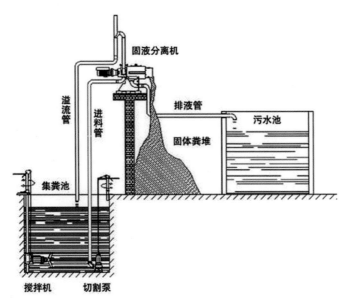

图6-18 固液分离工艺

3.发酵液覆膜储存技术

如图6-19所示，发酵液存储塘采用第一类型储存塘形式。这类塘内由安全膜、报警系统、底膜及浮动膜（覆膜）组成。发酵液存储在底膜和浮动膜之间的空间里，随着进入的发酵液量不断增加，浮动膜会慢慢浮起。另外，在覆膜上设置有用于抽取雨水的排水泵，通过人工开启抽水泵能及时将雨水抽取出去。

这类储存塘的覆膜在功能上具有以下优势：一是减少发酵液中氨的挥发，减少对周围环境的影响，同时保持发酵液中N含量；二是能将雨水和发酵液有效隔离开，减少因大量雨水造成发酵液量增大的成本，符合减量化要求；三是由于存储塘有覆盖膜，因此能明显消除发酵液气味对猪场及周边环境的影响。

本设计的存储塘进料和出料时都通过供给塘，这样能保证安全快速的进出料，同时也不会对膜造成破坏。塘底部设计有一定坡度坡向混凝土集水斗，混凝土集水斗再连接至供给塘进行进出料。排污泵安装在供给塘内，用于向外抽取发酵液，而不对膜造成破坏。

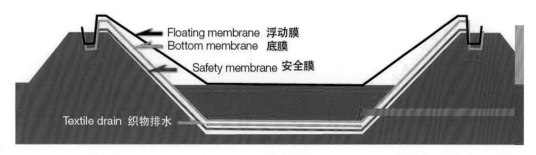

图6-19　覆膜式储存塘

4.液体肥研制

以厚通养殖公司粪污发酵液为原料，成功开发了大量元素液体肥1号、2号，之后将继续开发适合于当地核桃、蔬菜以及农作物等专用的功能性系列液体肥料产品，真正实现粪污合理有效的资源化全利用（图6-20至图6-22）。

图6-20　液体肥田间试验

图6-21　使用液体肥之后的核桃林

图6-22　发酵后的粪污处理液

（四）主要设施设备

（1）猪舍设施，包括猪舍内集热管道、猪舍漏缝地板储粪池（图6-23、图6-24）。

（2）粪污处理设施，包括固液分离机（图6-25）、粪污提升机（图6-26）、增氧搅拌机（图6-27）、覆膜式氧化塘（图6-28）。

图6-23　猪舍内铺设集热管道

图6-24　猪舍内建成后的储粪池

图6-25　固液分离机

图6-26 粪污提升机

图6-27 增氧搅拌机

图6-28 覆膜式氧化塘

（3）液体有机肥料厂（图6-29），包括反应釜（图6-30）、储液罐（图6-31）、肥料原料投料机（图6-32）、精量配料器（图6-33）、固体原料混合机（图6-34）、灌装机（图6-35）。

图6-29　液体有机肥厂

图6-30　反应釜

图6-31　储液罐

图6-32　肥料原料投料机

图6-33　精量配料器

图6-34　固体原料混合机

图6-35　灌装机

（五）运行机制

由中阳县厚通科技养殖有限公司独立投资运营。厚通公司配套建设有完善的粪污处理中心和液体肥料加工车间，具有独立的知识产权。其生产的系列液体水溶肥就近用于全县20万亩核桃林和14万亩农作物种植。公司与乡镇和村委签订核桃林供肥协议，由厚通公司负责运送。与玉米种植农户签订订单合同，统一提供玉米种子、液体肥料，以高于市场价10%的价格回收玉米，满足生产原料的供应。正常运行年可生产液体肥10万t。

公司所在地中阳县下枣林村，现有优质核桃1 200余亩，新建4座300m³的敞开式集雨蓄水灌溉工程，铺设水肥输送管道1.5万m，投资140万元，利用厚通养殖公司的生产的液体肥，每年至少为核桃施肥2次，可使核桃产量提高20%~30%，亩增收300~500元。今后，计划在全县5个核桃面积大的乡镇，逐步推广水肥一体化技术，实现全县核桃提质增效。

（六）效益分析

1.投资成本

厚通液体肥总投资1 000万元，所筹集资金按工程实际实施情况分项投资，其中基建投资670万元，设备投资330万元。

2.运行成本

（1）经济评价计算期取11年（含1年建设期）。

（2）计算期第2年开始为生产期。

（3）本项目计算期第2年生产负荷为80％，第3年为满负荷生产。满负荷生产情况下年产10万t液体有机肥，每吨液体有机肥售价600元；满负荷生产情况下，年销售收入为6 000万元。

（4）固定资产折旧。固定资产折旧残值均为5％，其中房屋等固定资产折旧年限按20年计，设备等固定资产折旧年限按10年计，其他固定资产折旧年限按10年计。

（5）无形资产摊销。无形资产均按10年进行摊销。

3.经济效益

经测算预计满负荷生产下利润总额为2 166.58万元，年所得税（税率25％）为541.65万元，年税后利润1 624.94万元。年投资利润率可达48.27％，年投资利税率高达26.96％，有较强的盈利能力。

4.社会效益

一是提高农民收入，全县20万亩核桃整体产量提高20％~30％，每亩增收200~300元，人均400~600元。二是提高农产品质量安全，实施种养结合模式，通过畜禽养殖与农业种植相结合，减少农药、化肥使用量，保证农产品质量安全。

5.环境效益

通过对养殖粪污全部资源化利用，使养殖场周边环境得到极大的改善。通过粪污全部还田，对耕地地力的保护和提升起到积极的作用。

四、上党区茂森养殖有限公司——"蛋鸡养殖 + 有机肥 + 种植"循环经济模式

（一）基本情况

上党区茂森养殖有限公司位于山西省长治市上党区西南山区，主要饲养海兰褐、海兰白等优良品种蛋鸡，养殖规模达到年存栏13万只，年产生粪污量约1万t。2016年，公司建成年产3万t有机肥生产基地，将蛋鸡养殖过程中产生的粪污通过发酵、造粒、烘干等工序制成有机肥，该有机肥富含氮磷钾和大量有机质，广泛应用于设施蔬菜、经济园林和中草药种植等，在提升土壤肥力方面效果显著。不仅解决了公司及周边养殖户畜禽粪污的处理问题，还进一步延伸了企业产业链条。目前，该公司有机肥产品主要有：苏柯汉、兴牧一号、澳科丰有机肥料和生物有机菌肥（图6-36），产品已销往山西各地并延伸至周边省份。

图6-36　有机肥产品

　　2017年，该公司成立研发中心，着力于肥料的配方研制、产品检验和资质申报。并以此为契机，联合产学研合作单位加强技术交流，建立健全有机肥料质量追溯管理体系，积极申报兴牧有机肥料《有机肥料登记证》，大力推进了有机肥的研制和自主品牌建设。

（二）技术模式主要特点

　　（1）该技术模式适用于只有固体粪便、无污水或只产生少量冲洗污水的规模化肉鸡、蛋鸡、羊场等，养殖场采用干清粪模式收集粪便。

（2）固体粪便通过高温好氧堆肥技术集中处理。好氧堆肥方式采用条垛式堆肥，定期翻抛，经过一次发酵、陈化发酵，原料充分腐熟即成为粉状有机肥，也可进入有机肥加工环节，经物料混合、烘干、制粒、加菌等工艺，制备成不同类型的有机肥料。

（3）少量污水利用污水储存池发酵处理，污水包括出栏鸡舍清洗污水、清洗饮水器产生的污水等。污水发酵完成后直接还田利用。

（4）该模式的优点是好氧发酵温度高，粪便无害化处理较彻底，发酵周期短；堆肥处理提高粪便的附加值。

（三）关键技术

粪便统一采用罐车收集，收集后的粪便经过添加蘑菇菌渣、锯末、醋糟等翻堆发酵，进行有机肥加工。工艺模式如图6-37所示。

关键技术：畜禽粪便堆肥发酵技术、电磁加热烘干技术。

粪污处理主要参照《畜禽养殖污水贮存设施设计要求》（GB/T 26624.2—2011）、《粪便无害化卫生标准》（GB 7959—2012）、《有机肥料》（NY/T 525—2021）。

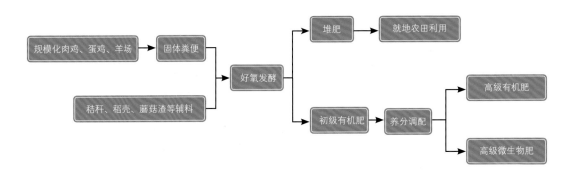

图6-37 好氧堆肥工艺模式

（四）主要设施设备

公司现已建成的有机肥生产基地配套设施及设备包括：拌料车间、堆肥发酵车间、造粒车间、成品仓库、搅拌翻堆车、粉碎机组、卧式搅拌机、大颗粒返料粉碎机、快速造粒机、加热烘干机、转筒冷却机、包膜机组、筛分机、皮带输送机、自动打包机、装载机等（图6-38），每小时可生产2.5t有机肥。生产的有机肥产品拥有自主品牌，附加值高，主要供应经济林地，具有较好的市场需求。2018年公司进行有机肥烘干设备升级，采用电磁感应加热辊筒烘干机取代原有的燃煤式热风烘干机，达到了清洁化生产。

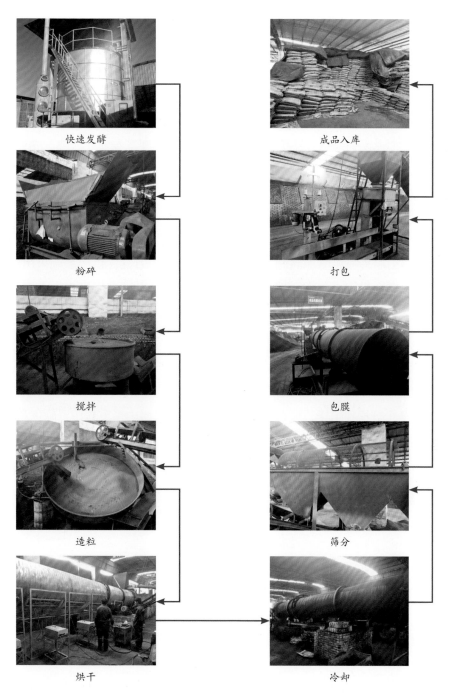

快速发酵　　　　　　　成品入库

粉碎　　　　　　　打包

搅拌　　　　　　　包膜

造粒　　　　　　　筛分

烘干　　　　　　　冷却

图6-38　有机肥生产流程示意

（五）运行机制

公司在自有蛋鸡养殖的基础上，建成年产3万t有机肥生产基地，不仅解决自身畜禽粪污处理问题，同时，辐射带动周边10km范围内主要养殖类型为鸡、羊、猪等分散式规模养殖场。周边以干清粪为主的养殖场，由养殖户自行清理粪便至集粪池，公司有机肥生产基地将周边分散中小型养殖场的畜禽粪便统一收集，集中堆肥处理，生产商品有机肥。产品除销往山西各地并延伸至周边省份外，一部分用于自身建设的饲料添加用中草药种植基地，又用于生产无公害鸡蛋，形成了蛋鸡养殖—有机肥生产—中草药种植—生产无公害鸡蛋的绿色经济循环模式运行机制，实现了专业化收集、企业化生产、商品化造肥、市场化运作。

（六）效益分析

1.经济效益

有机肥售出后每吨可增加利润80元，年利润约240万元。供热系统采用电磁感应加热替代传统燃料供热，改造完成后，在烘干过程中可以精准操控烘干温度，使整个12m辊筒内加热均匀、温度恒定，与原有设备比较生产效率提高1倍，每天按生产8h计算，可多生产有机肥8t，按每吨1 200元计算，每天可新增产值9 600元。

2.社会效益

公司采用蛋鸡养殖＋有机肥生产＋种植循环模式，解决农村劳动力70余人，辐射带动周边10多个规模养殖场，参与有机肥加工，推动区域内畜禽粪污资源化利用。

3.生态效益

有机肥使用后可改善土壤次生盐渍化、板结、土壤营养结构失衡和土传病害加重等现象，为种植优质农产品打下了坚实的基础，进一步加强了农业生产安全、农产品质量安全和农业生态环境安全。

五、长子县新拓养殖有限公司——"养殖＋沼气＋农户"利用模式

（一）基本情况

长子县新拓养殖有限公司位于山西省长治市长子县南陈乡南陈村南，占地86亩，总投资3 000余万元，其中，猪场投资2 100余万元，沼气投资120余万元，附属设施投资700余万元，是一个年出栏生猪达到1万头以上的规模化、标准化的生猪产业龙头企业，是长治市农广校"教学实验基地"。2007—2017年，连续被市委、市政府和县委、县政府授予"农业产业化模范集体""模范龙头企业"和"标准化示范场"，是"山西

省首届猪业协会理事单位"。目前，公司年存栏7 000头，存栏母猪700头，年出栏生猪1.2万头左右，年产粪尿约1.2万t，养殖污水约2.16万t。

（二）技术模式主要特点

粪污集中固液分离，污水以厌氧处理为主体工艺，结合氧化塘等自然处理系统对养殖场污水进行处理、净化，污水经深度处理后用于圈舍冲洗。固液分离后的固体粪便和沼渣堆积发酵后可以用于耕地施用，也可经自然高温处理成干制品，实现养殖场粪污的循环利用。

该模式的优点是实现零排放；缺点是投资成本大，维持费用高，北方冬季低温条件影响污水厌氧发酵效率。适用于规模化猪场或奶牛场，污水产生量较大，且养殖场周边没有足够土地容纳粪便与污水。

（三）关键技术

1.工艺流程

目前，该养殖场沼气发酵工艺采用升流式厌氧固体反应器（简称USR）如图6-39所示。

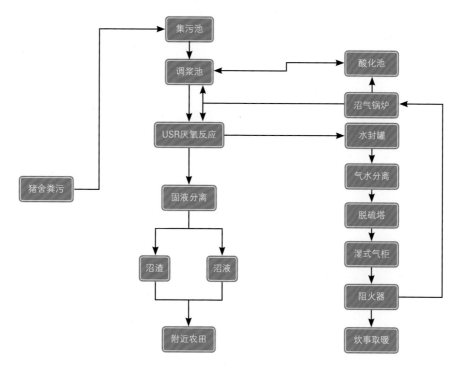

图6-39　厌氧反应工艺模式

2.主要工艺流程简述

养殖场污水通过管道自流到集污池中，饲养员每天将鲜猪粪运至调浆池，再由浆式搅拌机对粪污进行调浆；调好浆液泵入酸化池酸化处理后pH值达到中性；酸化处理后自流进入调浆池，再按干物质浓度（TS）7.5%浓度的浆液泵入USR厌氧消化反应器内发酵，在35～38℃的中温条件下进行消化降解；10～15d完成降解后，自流进沼液浓缩池，经过固液分离机脱水，分离出沼渣沼液，可用作周边农田、大棚蔬菜及果园追肥、补肥。厌氧消化过程中产生的沼气，通过干燥、脱硫净化后自流入湿式气柜内储存，用于炊事取暖、沼气锅炉等。

3.技术要点

（1）USR厌氧反应器工作原理。USR的下部是含有高浓度厌氧微生物的固体床。发酵原料从反应器底部进入，依靠进料和所产沼气的上升动力按一定的速度向上升流。料液通过高浓度厌氧微生物固体床时，有机物被分解发酵，上清液从反应器上部排出。未消化的生物质固体颗粒和沼气发酵微生物靠自然沉降滞留于消化器内，上清液从消化器上部溢出，这样可以得到比水力滞留期（HRT）高得多的固体滞留期（SRT）和微生物滞留期（MRT），从而提高了固体有机物的分解率和消化器的效率。USR反应器内设有布水系统，底部是高浓度厌氧菌床，上部设挡渣板。本工艺不使用机械搅拌，浓度较高时可有局部强化搅拌装置，其结构及反应原理如图6-40所示。

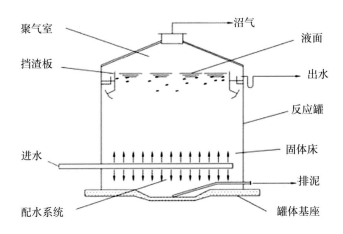

图6-40　USR反应器示意

（2）USR厌氧反应器工作程序。

①原料预处理：原料前处理是保证沼气发酵罐稳定正常运行的首要前提条件。养殖

污水经过格栅渠自流到集污池，去除石块、金属、塑料等杂物，然后沉沙。同时确保干清粪内无大的杂物，若要添加秸秆类需粉碎成小于1cm的碎末。

②调浆：将粪污运入调浆池，然后将污水泵入与之混合，再由浆式搅拌机对粪污进行搅拌调浆，充分搅拌均匀，合理搭配原料，确保碳氮比调配比例为25：1~30：1。

③水解酸化：原料调浆完毕后泵入酸化池堆肥发酵15~20d，温度为25~35℃，原料中固体有机质通过不产甲烷细菌胞外酶的液化作用水解成水溶性的简单小分子化合物，小分子化合物进入产酸菌群细胞内，在胞内酶的作用下，形成各种挥发性有机酸、醇类以及二氧化碳和氢气等气体。水解酸化过程完成后，将浆液调节pH值至6.5~7.5，再自流进入调浆池，按干物质浓度（TS％）7.5％的浓度泵入USR厌氧消化反应器内进行厌氧发酵。发酵料液干物质浓度（TS％）控制在7％左右为宜，浓度太高或太低，对产生沼气都不利。

④厌氧发酵：经水解酸化后的浆液要加热升温至比反应器内反应温度高3~5℃后再进入USR厌氧消化反应器内，在35~38℃的中温条件下进行厌氧消化降解，这个阶段产甲烷细菌利用前两个阶段产生的有机酸、醇类、二氧化碳和氢气等物质合成甲烷。此阶段要通过不断监测沼气发酵运行中各项参数（COD含量、SS含量、pH值等）的变化趋势来控制污泥的回流量以及进、出料量，从而掌握运行规律。

⑤产物分离：经过10~15d的降解，浆液自流进沼液浓缩池，经过固液分离机脱水，分离出沼渣沼液，用于农田、果园、蔬菜大棚等施肥。厌氧消化过程中产生的沼气经过气水分离器的干燥和脱硫塔的去硫净化后流入湿式气柜储存备用。

（四）主要设施设备

主要包括粪污储存、沼气生产利用和还田利用设施设备（图6-41至图6-48）。

图6-41　集污池

图6-42　酸化池　　　　　　　　　　　　　图6-43　净化设备

图6-44　发酵塔及储气柜

图6-45　入户管道

图6-46　入户灶具

图6-47　沼液池

图6-48 沼液还田罐车

（五）运行机制

1.沼气入户

2014年年底，公司600m³的大型沼气工程投产运营。公司采用"公司＋农户"的模式，由公司投资将沼气管道、气表、灶具统一配套到农户家中，每户700元左右，每使用1m³沼气1.5元，主要用于南陈村村民做饭洗澡等。截至目前，与南陈村280余户农户签订合同，供农户使用沼气取暖做饭。

2.还田利用

公司自己未配套相应的种植用地用于消纳本场的粪污，而是采用"公司＋农户"的形式，通过公司自己配套的沼渣沼液运输车和农户自有的罐车等，将公司沼气发酵产生的沼渣沼液销售给周边300余户农户，每吨沼渣150元，每吨沼液8元，用于周边种植户1000余亩的农田、蔬菜大棚及果园的底肥、追肥等，实现公司养殖粪污的资源化利用。

3.生态环保

公司通过沼气发酵实现了本场生猪养殖粪污的无害化资源化利用，同时采用"公司＋农户"的形式，将沼渣沼液销售给农户用于玉米、蔬菜、果树等施肥，实现了还田利用，有效减少了农户的化肥使用量，改善了土壤结构和质量，通过"公司＋农户"的形式，实现了"种养结合、循环利用、可持续发展"。

（六）效益分析

1.投资与成本分析

（1）工程投资概算总计120万元。其中，土建工程20万元；设备采购45万元；工程安装15万元；管网入户30万元；其他费用10万元。

（2）年运行收入。

①生产规模：实际年产沼气15万 m^3，沼渣600t，沼液1.7万t。

②产品销售价格：沼气售价1.5元/m^3，沼渣沼液免费送给周边农户。

③运行收入：项目实施后年运行收入约为1.5元/m^3×15万 m^3＝22.5万元。

（3）年运行成本。

①人工费：E1＝3人×2.5万元/年＝7.5万元。

②折旧费：土建工程和设备均按15年折旧，残值率按5%计，年折旧费为E2＝120万元×95%/15年＝7.6万元。

③维修管理费：E3＝3.4万元/年。

④总运行费用为：E＝E1＋E2＋E3＝18.5万元/年。

（4）年盈利情况：22.5万元－18.5万元＝4万元。

2.经济效益

通过"养殖＋沼气＋农户"的粪污资源化利用模式，公司将本场的粪污转化为清洁能源沼气用于本村村民做饭取暖，同时将沼渣沼液作为有机肥料用于周边村民玉米、蔬菜、果树种植施肥，提升了粪污的经济附加值，经济效益良好。

3.社会效益

公司"养殖＋沼气＋农户"的粪污资源化利用模式，不仅有效解决了大型养殖场长期以来的粪污处理难题，还通过"公司＋农户"的形式，进一步实现了粪污的资源化利用，实现了可持续发展，为长子县规模养殖场粪污处理及资源化利用提供了成功可复制的样板模式，示范带动更多的养殖场户实现本场的粪污资源化利用。

4.生态效益

公司通过沼气发酵，实现了猪场粪污的无害化，杀灭了大量有毒病菌，防止了蚊蝇滋生，有效改善了养殖场生物安全环境及周边农村的人居环境，生态效益显著。

六、高平市玮源养殖专业合作社——"猪沼鱼菜菇"生态循环模式

（一）基本情况

高平市玮源养殖专业合作社成立于2010年，位于山西省高平市野川镇东沟村。总占地面积100亩，建有年出栏2 000头的生猪养殖场，200m^3的小型地埋式沼气工程，

日光温室5栋，春秋大棚10栋，保温鱼池600m³，菌棒加工车间250m²。自2014年发展生态循环农业以来，目前已成为集生猪养殖、沼气利用、鲶鱼养殖、蔬菜种植、蘑菇栽培等产业于一体的全循环种养结合基地。

（二）技术模式主要特点

1.生猪养殖，粪污利用小型地埋沼气处理

建有年出栏生猪2 000头的规模化猪场，所产的粪污全量收集后，进入200m³小型地埋式沼气池，通过厌氧发酵后，实现粪污无害化处理。

2.生态链条完整，粪污全循环利用

整个生态链，包括2项养殖（生猪、鲶鱼）和2项种植（蔬菜、蘑菇栽培）。目前已成为集生猪养殖、沼气利用、鲶鱼养殖、蔬菜种植、蘑菇栽培等产业为一体的全循环种养结合基地。

3.三沼综合利用，实现能源化、肥料化、基质化

沼气通过发电机组和灶具实现沼气能源化利用；沼渣和沼液通过对园区内的蔬菜施肥和灌溉实现肥料化利用；沼渣作为食用菌菌棒原料，实现基质化利用。

4.水的利用率高，粪污达到零排放

水的使用包括养殖用水和灌溉用水，养殖用水全量收集，沼液部分回用冲洗圈舍，最终实现全部还田利用，达到粪污零排放。

工艺流程如图6-49所示。

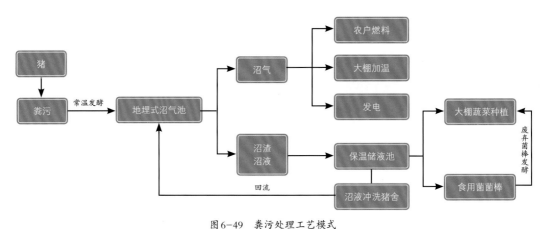

图6-49　粪污处理工艺模式

（三）关键技术

1.粪污地埋沼气处理技术

养殖粪污全量收集后，进入200m³地埋式沼气池，通过约25d的厌氧发酵，产生沼渣、沼液和沼气。

2.沼气供热照明技术

配套建设有小型沼气发电站，每天约产生30m³以上的沼气（夏季较多、冬季较少），通过发电后用于猪场照明。

3.沼液鲶鱼养殖技术

建设有600m³鱼塘，将灌溉用水与沼液混合后，用于鲶鱼养殖。

4.沼液回用冲圈舍技术

将鱼池内混合的沼液用于猪舍冲洗，减少了冲洗用水量，并与粪污一起回到沼气池中（图6-50）。

图6-50　生猪养殖（沼液回用冲圈舍）

5.沼渣沼液蔬菜大棚种植技术

沼渣用于蔬菜施肥，沼液与水1:3以上混合后通过管道用于灌溉和施肥。

6.沼渣菌棒生产技术

每年制作约平菇菌棒2万棒。将沼渣作为原料与玉米芯、麸皮、石灰等混合后制作平菇菌棒，沼渣使用比重达到1/3，有效降低了菌棒成本（图6-51）。

图6-51　沼渣作为菌棒原料用于平菇生产

7.废弃菌棒肥料化种植技术

废弃的菌棒经过粉碎后，堆积发酵后用做有机肥。

（四）主要设施设备

主要包括小型地埋式沼气（图6-52）、沼气发电设备（图6-53）、鲶鱼养殖池塘（图6-54）、沼液输送管道（图6-55）。

图6-52　小型地埋式沼气

图6-53　沼气发电设备

图6-54　沼液用于鲶鱼养殖

图6-55　蔬菜大棚中铺设的沼液输送管道

（五）运行机制

　　玮源养殖专业合作社自2014年发展至今，得益于其通过三沼的综合利用，将沼气、沼液、沼渣变废为宝，降低生产成本。同时，通过种养结合发展多种生产形式，有效降低了单一产品市场价格波动带来的市场风险，大大增强了企业抵御风险的能力和盈利的能力。养殖粪污实现全量收集，一是必须全部经过无害化处理；二是根据养殖情况与种植品种、平菇菌棒生产量相互协调，保障蔬菜种植肥料需要和菌棒生产供应，达到生产效率和利润最大化。

（六）效益分析

1.投资成本

高平市玮源养殖专业合作社总投资约400万元，其中包括2 000头养殖场，15栋蔬菜大棚以及附属相关设施设备。

2.运行成本

运营成本主要集中在生猪养殖和人工成本，其中生猪养殖约160万元，人工成本约60万元。

3.经济效益

玮源养殖专业合作社年出栏生猪1 500头，按目前市场价计，产值400万元；年产平菇7.5万kg，产值45万元；年产蔬菜35万kg，产值35万元。合作社年总产值可达480万元。合作社投资25万元建设的地埋式沼气工程，沼气发电可供合作社自用，年均节省电费3万元；沼渣用于原料加工菌棒，年节约原料购置费10万元；沼液代替化肥对大棚蔬菜施肥，节约化肥购置费2万元，每亩地节约600元。

4.社会效益

一是提高农民收入。合作社吸纳附近20余名剩余劳动力，在家门口就业创收。

二是提高农产品质量安全。实施种养结合模式，通过畜禽养殖与农业种植相结合，减少农药、化肥使用量，保证农产品质量安全。

5.环境效益

通过对养殖粪污全部资源化利用，合作社及周边环境得到极大提高，局部土壤得到改良，提高了地力，同时对农田生态系统转化率有着化肥不可替代的作用。

七、山西晋丰绿能集中处理中心——畜禽粪污专业化集中处理模式

（一）基本情况

晋丰绿能畜禽粪污集中处理中心由山西资环科技股份有限公司投资建设，项目总投资2 154万元。山西资环科技股份有限公司是一家专注于农业废弃物资源化综合利用全产业链服务的高新技术企业，已先后完成国内数十个大型规模化沼气工程及畜禽粪污资

源化利用总承包项目，获得了良好的市场口碑。

作为区域内生态循环农业的节点工程，项目占地30亩，每日可收集处理农业废弃物300t，辐射周边10~15km范围的畜禽粪污。年产沼气180万m³，年产沼液10万t，年产沼渣营养土8 000t。通过核心沼液深度处理技术，可实现水肥一体满足区域内8 000亩农田用肥。园区内大棚实施"三沼"覆盖工程，形成绿色有机作物培育环境。

（二）技术模式主要特点

（1）建立"收运处"一体化管理模式，对收运的时间、数量和质量进行统筹管理。周边15km内的养牛企业、养鸡企业自行配备密闭粪污运输车，定时定点收集粪污至资源化利用集中处理中心，集中处理中心以每吨20元（含运费）的价格向养殖企业付费。周边10km以内的养猪企业自主配套粪污运输车量，运输至集中处理中心进料场，集中处理中心向养猪企业以每吨猪粪10元的价格收取猪粪处理费用。

（2）畜禽粪污在养殖场内部储存，集中处理中心只处理不储存。收集的养殖粪污采用格栅分离无机杂质，预处理阶段不进行固液分离，以便保证后续发酵浓度和发酵效率。发酵完全后的沼渣沼液采用固液分离机进行沼渣和沼液的分离。

（三）关键技术

1.中高温热水解酸化技术

粪污经过物理分离后进入水解酸化阶段，通过发电余热回收协同太阳能加热对粪污原料进行充分预热酸化，为厌氧发酵提供高效原料。

2.CSTR梯级厌氧发酵技术

经水解酸化的混合液进入二级厌氧发酵，2个串联的厌氧发酵罐罐壁均设置2套水力搅拌系统，保证在中高温全混控制下，进行高效厌氧发酵，产生沼气、沼渣和沼液。

3.沼液深度处理技术

沼液首先通过高密度微氧曝气设备去除悬浮颗粒物和胶体物质，然后通过多级不同过滤精度的自清洗过滤器依次进行全自动自清洗过滤，逐级去除沼液中的粗颗粒和细颗粒胶体物质，最后经过全自动反洗叠片过滤器后完全满足120目沼液滴灌要求。沼液深度处理系统将不同过滤精度等级组合的全自动刷式自清洗过滤器和全自动叠片过滤器撬装化集成，工厂预制现场对接，安装简单方便，无须土建施工，占地少。系统采用PLC智能设计，自动识别杂质沉积程度，给电动排污阀信号自动排污，克服了介质过滤的纳污量小、易受污物堵塞等缺点，具有自动清洗排污的功能，且清洗排污时系统不间断供水，可以监控过滤器的工作状态，自动化程度高。

4.多级热源协同利用技术

利用沼气发电产生的烟道余热及缸套余热同太阳能加热结合，保障热水解酸化效率，配置空气源热泵保障冬季寒冷期发酵稳定。

5.沼渣堆肥利用技术

以沼渣和菌渣为原料复配压制成块状营养土，作为周边大棚育苗基质及无土栽培基质。

6.沼液喷滴灌利用技术

经过深度处理后的沼液作为有机肥料，通过智能水配肥系统进一步水肥一体应用于项目周边设施农业和大田作物。

7.智能控制技术

系统采用PLC控制方式，实现系统设备的"手动/自动"运行。"手动/自动"选择开关切换到手动，可由现场开关直接控制设备，这是最高优先级的控制，在手动操作状态下，PLC仅对运行状态作监视。现场"手动/自动"选择开关切换到自动，在这一模式下PLC能根据设定参数自动控制设备的运行。通过物联网系统连接传感器获得系统运行条件，并根据参数调整实时调控或自动控制系统，通过无线和有线传输方式，连接中控室与控制柜，实现系统的自动运行。整个工艺流程如图6-56所示。

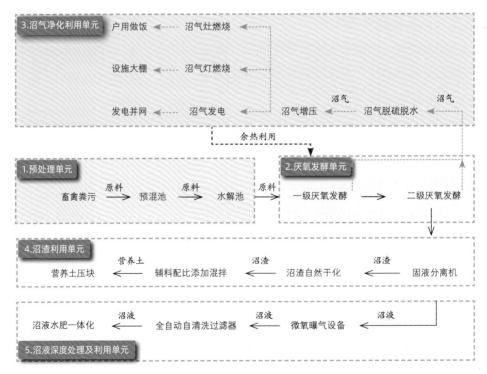

图6-56 工艺流程

8.设备撬装集成技术

撬装技术，是将核心处理设备集成于一个整体底座上，可以整体安装、移动的一种集成方式。撬装设备结构紧凑，占地省，运输方便，工厂预制，现场快速连接即可投入使用。

(四)主要设施设备

主要包括粪污处理、沼气和沼肥生产、利用设施设备（图6-57至6-66）。

图6-57　粪污预处理设施

图6-58　搪瓷拼装一体化厌氧发酵罐

图6-59　沼气发电机及并网柜单元

图6-60　沼气生物脱硫单元　　　　　　　图6-61　固液分离机

图6-62　沼气脱水增压单元

图6-63 营养土压块成型机

图6-64 微氧曝气设备

图6-65 全自动清洗过滤器系统

图6-66 水肥一体化利用系统

（五）运行机制

粪污集中处理中心项目由山西资环科技股份有限公司全额投资新建，建有136m²预处理间1座，2 500m³一体化厌氧发酵罐2座，1 800m²有机肥生产车间1座，10m³/h沼液深度处理系统1套，生物脱硫系统1套，沼气发电并网系统1套等。项目总投资2 154万元，其中：土建工程费用为596万元，设备购置费为935万元，安装工程费用为258万元，工程建设其他费用为365万元。

根据洪洞县地域、养殖种类及养殖量分布、种植种类分布等特点，畜禽粪污集中处理中心辐射周边10～15km范围内实行"分散收集、集中处理，统一处置"的运营模式，以周边畜禽粪污为原料，以沼气工程为纽带，以能源化、肥料化综合利用为方向，构建出一条适应当地实际的种养结合农牧循环产业链条。

粪污集中处理中心同周边养殖企业签订长期稳定购销合同，环保部门将购销合同作为养殖场环保型粪污处理方式予以认可。中心采取向养牛、养鸡企业付费购买牛粪和鸡粪原料，向养猪企业收取猪粪粪污处理费用的收付费方式，由周边养殖企业自主配套粪污运输车辆自行送至处理中心集中处理，保证粪污原料收集充分，实现原料收集与处理能力平衡。

集中处理中心向周边大型设施大棚种植企业和农户大力宣传和推广有机肥优点和使用方法，采用免费试用有机肥和有机种植技术指导，原料粪污可对等置换有机肥等措施，提高原料供应企业或农户的积极性的同时，保证沼渣沼液的及时有效消纳。项目运营主要以收取猪场粪污处理费用、沼气发电并网收入、沼渣制备营养土出售收入、沼液出售滴灌应用于周边设施农业等作为主要收入来源，确保整个项目的可持续盈利。

（六）效益分析

1.项目支出成本

主要由原料收购费用、设备损耗维修费用、设备易损件采购费用、有机肥生产辅料购置费用、人力成本及水电成本等构成，年支出成本242万元。具体支出如下。

（1）设备设施损耗维修费用，每年支出40万元。

（2）粪污收集运输费用，每年支出108万元。

（3）沼渣制作营养土辅料采购成本，每年支出56万元。

（4）中心配置5名工作人员，年工资福利社保费用支出38万元。

2.项目收入

项目盈利收益主要来自沼气发电并网收入、沼气直燃供日光温室收入、沼肥销售收入、猪粪粪污处理收取费用等，年收入487.8万元。具体盈利方式如下。

（1）发电并网收入。部分沼气发电后并网销售，目前装机容量240kW，年发电收益97万元。

（2）沼气直燃供日光温室收入。沼气直供日光温室大棚，增温补碳，年收益31万元。

（3）沼肥销售收入。主要以沼渣复配营养土和沼液水肥一体化滴灌方式获取收益，年收益336.8万元。

（4）粪污处理收取费用。每年收取猪场粪污处理费用23万元。

3.项目收益

收支相抵，年收益可在245.8万元。

4.经济效益

项目收入主要来源于沼气发电并网、沼气供户直燃、沼渣制备土壤营养土和沼液出售灌溉施肥等方面。其中，沼气入户直燃年收益31万元，发电并网收益97万元，沼液年销售收入约156.8万元，沼渣制备营养土年收入180万元，粪污处理费用收益年收入约23万元。项目合计年收入487.8万元，收支相抵，年收益为245.8万元。

5.社会效益

稳定的沼气资源、有机肥料资源带动了周边大棚种植的产业升级，成功吸引了外来投资者在秦壁村投资新建智慧大棚24 000 m²，种植有机西红柿，直接带动周边1 500余名农民就近就业，间接带动20 000名农民增产增收。

6.生态效益

通过畜禽粪污资源化利用，变废为宝，有效解决养殖畜禽粪污造成的农业面源污染。通过种养结合，降低农田化肥农药使用量，改善土壤质量和地下水环境质量，在保证农产品丰收的同时，也能保证农产品的质量和安全，提高了农民收益。同时推动当地畜牧业、种植业和肥料业融合发展，实现区域农业经济循环发展，改善农村人居环境，构建美丽乡村建设，全面推进乡村振兴战略实施。

八、临猗县丰淋牧业有限公司——粪尿全量收集混合发酵还田模式

（一）基本情况

临猗县丰淋牧业有限公司注册成立于2012年，位于临猗县北景乡，公司目前拥有1个10万t产能的饲料厂，4个年存栏3 000头现代化基础母猪场，9个年出栏万头现代化养殖小区，采用"公司＋基地＋农户"的模式，合作农户达360余户，年出栏生猪25万头，占全县出栏总量的1/2，是临猗县最大的生猪养殖企业。

（二）技术模式主要特点

1.因地制宜，水肥一体化利用

利用果园中建设的灌渠，实现果树灌溉与施肥同时进行，实现了粪水一体化利用，省时省工，深受果农喜爱。

2.发酵处理，提高粪肥利用效果

猪场采用粪尿全收集工艺，建立粪水储存设施，通过添加微生物菌剂处理，对粪水进行发酵处理，改善粪水形态和养分利用效率，实现管道输送。

3.分工协作，创新粪肥还田利用模式

由规模化猪场牵头，建立了猪场、果农和第三方施肥人员构成的合作模式，充分调

动养、种、第三方的积极性，促进种养结合，粪肥还田利用。

4.粪肥还田，改良土壤增加养分

猪粪液还田能增加土壤有机质含量，培养土壤团粒结构，减少土壤板结，疏松土壤，增强土壤保水性能和缓冲性能，增加土壤大量元素N、P、K和微量元素的含量，同时促进土壤微生物的活动，形成氨基酸、酶等活性物质。

（三）关键技术

1.尿泡粪模式

（1）工艺流程如图6-67所示。

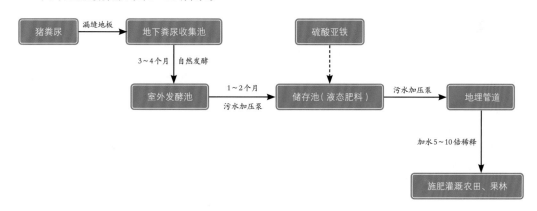

图6-67　尿泡粪工艺模式

（2）设施建设。

①收集池：位于圈舍内的漏缝地板下，深度应在0.8m以上。生猪育肥场收集池的有效容积按照每头存栏猪不低于0.3m³核算，母猪饲喂场收集池的有效容积按照每头存栏母猪不低于0.5m³核算。

②暗沟管道：用于把猪粪尿从收集池运输到发酵池或储存池的通道，排污管道直径20~30cm，采用水泥浇筑管、波纹管或PVC管，埋深不低于0.8~1.0m。

③发酵池：一般采用地下或半地下结构，具有防雨、防渗、防腐、防安全隐患等功能。选址应根据养殖场的规模及远期规划，因地制宜选择地势较高、利于还田的地方，既可以在猪场内，也可以在猪场外，应符合动物防疫条例和环保要求。底部均用三七灰土夯实后，采用双层Φ12钢筋，C30商砼现浇，墙壁为砖混结构，间隔3m建三七圈梁，每70cm加钢筋拉实，墙壁每隔4m建钢筋水泥立柱，墙外填土夯实，内壁水泥抹面3次。发酵池有效容积的核算同收集池。

④储存池：一般采用半地下结构，选址及建设同发酵池。储存池的有效容积按照每

头存栏猪不低于0.4m³核算，还应遵循"存得住、还得了"的原则，根据周围农田面积和农作物的种类适当增大或减小。

（3）技术要求。

①预处理：收集池预储存8~10cm高的水，猪粪尿在收集池存放3~4个月。

②处理：猪粪尿从收集池进入发酵池后进行自然发酵，夏季不少于1个月，冬季不少于2个月。

③储存：猪粪尿发酵结束后，由发酵池转入储存池进行储存，施肥前添加5/10 000的硫酸亚铁进行悬浮处理，可以消除臭味、固氮补铁。

（4）还田方式。发酵的猪粪尿通过地埋输送管道，输送至田间地头与农田灌溉水混合施用于农田。

（5）施肥混合比例。在冬春晚秋季节，按1∶5的比例混合施用农田，在夏季或早秋高温季节按1∶10的比例混合施用农田。每亩农作物全年还田施用量控制在8头猪粪尿量以内。

2.水冲粪模式

（1）工艺流程如图6-68所示。

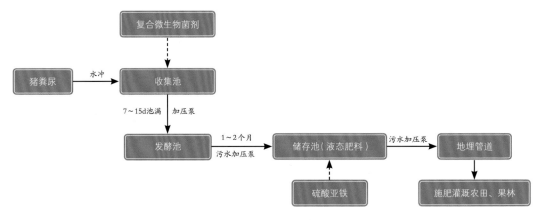

图6-68　水冲粪工艺模式

（2）设施建设。收集池、暗沟管道、发酵池和储存池的选址及建设要求同尿泡粪模式。

收集池、发酵池的容积：生猪育肥场有效容积按照每头存栏猪不低于0.5m³核算，母猪饲喂场有效容积按照每头存栏母猪不低于1m³核算。

储存池的容积：有效容积按照每头存栏猪不低于1m³核算，还应遵循"存得住、还得了"的原则，根据周围农田面积和农作物的种类适当增大或减小。

（3）技术要求。

①预处理：猪粪尿进入收集池后添加1/10 000的复合微生物菌剂进行发泡悬浮消除臭味等。猪粪尿在收集池中储存7~15d，待收集池满后转入发酵池中继续发酵。

②处理：猪粪尿从收集池进入发酵池后，发酵1~2个月（若收集池中未添加复合微生物菌剂时，猪粪尿在储存池中自然发酵2~3个月）。

③储存：猪粪尿发酵完后，由发酵池转入储存池进行储存。施肥前5h左右添加5/10 000的硫酸亚铁，进行悬浮处理，可以消除臭味、固氮补铁。

（4）还田方式。与尿泡粪模式相同。

（5）施肥混合比例。发酵后的猪粪尿与灌溉水在冬春晚秋季节应按1:2的比例混合施用于农田，夏季或早秋时应按1:4的比例混合施用于农田。每亩耕地全年还田施用量应控制在8头猪粪尿量以内，具体还田施用量应根据测土配方后土壤各种营养物质的缺失数量具体确定。

（四）主要设施设备

主要设施设备包括猪舍内收集、处理设施设备（图6-69至图6-73）。

图6-69　漏粪地板上

图6-70　漏缝地板下

图6-71　室外发酵池（储存池）

图6-72　地埋管道

图6-73　硬化地面收集模式——室外收集池

（五）运行机制

引入第三方管理机制推广应用，猪场将粪肥经营权以"一元合同"形式承包给第三方专人负责。猪场内收集池、发酵池、储存池及管道、污水泵设施由猪场建设时统一投入，地下管道（管道、加压泵等硬件设施）由猪场统一提供，管道施工、维修及施粪时产生的水费、电费由承包人承担。根据合同内容，承包人负责粪肥施用的管理运行，农民直接向承包人购买粪肥，承包人将埋在农田中的粪肥出口阀门打开，粪肥直接通过管道输送至农田中。一般耕地每年施肥2~3次，每亩地每次仅需花费50~100元即可用上有机肥，承包人每年可收入10万~15万元。

生态环境保护机制：通过地埋排污管道、输送管道，消除运输造成的环境污染；收集池、发酵池、储存池防渗漏，达到减少环境污染，增加储存时间并添加复合微生物菌剂、硫酸亚铁，促进发酵除臭、固氮、减少空气污染，达到无害化要求。

（六）效益分析

1.投资成本

一个存栏5 000头猪的养殖场，按照漏粪地板收集模式：需建发酵池和储存池共4 000m³，每立方米按200元成本计，需投资80万元；加上输送管道最远5km，每米50元成本计，需要费用25万元，2项合计，粪污设施投资在105万元左右，平均每头存栏猪投资210元左右。如按硬化地面收集模式：需建收集池、发酵池和储存池共12 500m³，需投资储存设施250万元，加上输送管道费用25万元，2项合计275万元，平均每头存栏猪投资550元。

2.运行成本

由于采取第三方运行模式，舍外无须相关费用，运行成本主要是舍内管理费用，主要包括人工费3.6万元/年，电费1.0万元/年，合计4.6万元/年。

3.经济效益

年出栏万头的养殖场的猪粪尿、冲洗废水、生活污水，经过处理后可出售液态有机肥131 080m³，年销售液态有机肥120万元，年节约水费25万元，年运行成本55万元，最终年可产生经济效益90万元。

4.社会效益

该模式的运行可有效促使当地生态农业及农业生产的全面发展，走可持续发展道路，改善当地环境质量，防止疾病传播，保障居民身体健康示范带动农牧循环经济的发展，推动社会主义新农村、农业产业建设，产生良好的社会效益。

5.环境效益

采用此模式工艺进行发酵处理，可杀灭猪粪中的有毒、有害病菌，减少污物对周围环境的污染，猪粪尿全量收集，混合发酵后用于周围农田和果林施肥，减少化学肥料的施用，每亩果树可节约化学肥料成本250元左右，公司养殖场配套农田4万亩，年可节约1 000万元左右，农田通过施用有机肥改良了土壤，提高了果品品质，减少了农业面污染源，增加了农民收入，使农牧结合更加紧密。

参 考 文 献

国家环境保护总局科技标准司，2003. 畜禽养殖业污染物排放标准：GB 18596—2001
[S]. 北京：农业部环境保护科研监测所：1.

住房和城乡建设部，2003. 建筑给水排水设计规范（2009年版）:GB 500152—2003[S].
上海：上海现代建筑设计有限公司：9.

住房和城乡建设部，2006. 室外排水设计规范（2016年版）：GB 500142—2006[S].
上海：上海市政工程设计研究总院（集团）有限公司：6.

住房和城乡建设部，2008. 地下工程防水技术：GB 501082—2008[S]. 北京：总参工
程兵科研三所：1.

住房和城乡建设部，2008. 工业建筑防腐蚀设计规范：GB 500462—2008[S]. 北京：
中国寰球工程公司：8.

住房和城乡建设部，2010. 建筑抗震设计规范（2016年版）：GB 50011—2010[S]. 北
京：中国建筑科学研究院：12.

全国畜牧业标准化技术委员会，2011. 畜禽粪便还田技术规范：GB/T 25246—2010[S].
北京：农业部环境保护科研监测所：3.

住房和城乡建设部，2011. 混凝土结构设计规范（2015年版）：GB 50010—2010[S].
北京：中国建筑科学研究院：7.

全国畜牧业标准化技术委员会，2011. 畜禽养殖污水贮存设施设计要求：GB/T 26624—
2011[S].北京：中国农业科学院农业环境与可持续发展研究所：11.

全国畜牧业标准化技术委员会，2011. 畜禽粪便农田利用环境影响评价准则：GB/T

26622—2011［S］.北京：中国农业科学院农业环境与可持续发展研究所：11.

农业部科技教育司，2011.沼肥施用技术规范：NY/T 2065—2011［S］.北京：农业部沼气科学研究所：12.

全国畜牧业标准化技术委员会，2012.畜禽粪便贮存设施设计要求：GB/T 27622—2011［S］.北京：中国农业科学院农业环境与可持续发展研究所：4.

全国肥料和土壤调理剂标准化技术委员会，2012. 有机—无机复混肥料：GB 18877—2009［S］.广东：深圳市芭田生态工程股份有限公司：5.

住房和城乡建设部，2012.工业企业总平面设计规范：GB 50187—2012［S］.北京：住房和城乡建设部标准定额研究所：8.

住房和城乡建设部，2012. 建筑地基基础设计规范：GB 50007—2011［S］.北京：中国建筑科学研究院：8.

住房和城乡建设部，2012. 砌体结构设计规范：GB 500032—2011［S］.辽宁：中国建筑东北设计研究院有限公司：8.

住房和城乡建设部，2012. 构筑物抗震设计规范：GB 50191—2012［S］.北京：中冶建筑研究总院有限公司：10.

住房和城乡建设部，2012. 建筑结构荷载规范：GB 50009—2012［S］.北京：中国建筑科学研究院：10.

住房和城乡建设部，2013. 建筑地基处理技术规范：JGJ 79—2012［S］.北京：中国建筑科学研究院：6.

全国沼气标准化技术委员会，2013. 沼气工程沼液沼渣后处理技术规范：NY/T 2374—2013［S］.北京：农业部规划设计研究院：8.

住房和城乡建设部，2015. 建筑地基基础工程施工规范：GB 51004—2015［S］.上海：上海建工集团股份有限公司：11.

住房和城乡建设部，2016. 钢筋机械技术连接规程：JGJ 1072—2016［S］.北京：中国建筑科学研究院：8.

住房和城乡建设部，2017.污水自然处理工程技术规程：CJJ/T 54—2017［S］.黑龙江：哈尔滨工业大学：1.

住房和城乡建设部，2017. 钢结构设计标准：GB 500172—2017［S］.北京：中冶京诚工程技术有限公司：1.

公安部，2018.建筑设计防火规范（2018年版）：GB 50016—2014［S］.天津：公安部天津消防研究所：5.

住房和城乡建设部，2018.湿陷性黄土地区建筑规范：GB 50025—2018 [S].陕西：陕西省建筑科学研究院有限公司：1.

全国畜牧业标准化技术委员会，2018.畜禽粪便无害化处理技术规范：GB/T 36195—2018 [S].北京：全国畜牧总站：12.

住房和城乡建设部，2019.混凝土结构耐久性设计标准：GB/T 50476—2019 [S].北京：清华大学：1.

住房和城乡建设部，2019.民用建筑设计通则：GB 50352—2019 [S].北京：中国建筑标准设计研究院有限公司：5.

全国畜牧业标准化技术委员会，2019.畜禽粪便堆肥技术规范：NY/T 3442—2019 [S].北京：中国农业大学：9.

农业农村部种植业管理司，2021.有机肥料：NY/T 525—2021 [S].北京：全国农业技术推广服务中心：6.

生态环境部土壤生态环境司，2021.农田灌溉水质标准：GB 5084—2021 [S].北京：中国环境科学研究院：7.

附　录

畜禽粪便资源化利用建筑配套设施设计总说明(一)

一、工程概况

1.生产工艺技术路线：源头减量——过程控制——末端利用。

2.节能减排技术过程：减量化——无害化——资源化——生态化。

3.生产工艺、设备技术指标分析、建筑设施配套、工艺设备配套明细。

4.关键核心技术：畜禽粪便无害化处理和资源化利用。

5.典型技术模式：种养结合模式。

6.清粪方式：干清粪。

7.处理方式：干清粪＋粪便有机肥生产。

二、选址要求

1.新建、扩建和改建畜禽养殖场或养殖小区必须设置畜禽粪污处理区，建设畜禽粪污处理设施，已建的畜禽场没有处理设施或粪便处理场的，应补建。

2.畜禽粪便处理厂的选址必须遵守 NY/T 1168—2006《畜禽粪便无害化处理技术规范》规范相关规定，禁止在下列区域内建设畜禽粪便处理场。

(1)生活饮用水水源保护区、风景名胜区、自然保护区的核心区及缓冲区。

(2)城市和城镇居民区，包括文教科研、医疗、商业、工业等人口集中地区。

(3)县级及县级以上人民政府依法划定的禁养区域。

(4)国家或地方法律、法规规定需特殊保护的其他区域。

3.在禁建区域附近建设畜禽粪便处理设施和单独建设的畜禽粪便处理场，应设在 NY/T 1168—2006《畜禽粪便无害化处理技术规范》5.1规定的禁建区域常年主导风向的下风向或侧风向处，场界与禁建区域边界的最小距离不得小于500m。

4.在畜禽养殖场内粪便处理设施布局应按照 NY/T 682—2003《畜禽场场区设计技术规范》的规定设计，应布置在养殖场的生产区、生活管理区的常年主导风向的下风向或侧风向处，与主要生产设施之间保持100m以上的距离。

三、技术要求

1.畜禽粪便处理场场区臭气浓度应符合畜禽养殖业污染物排放标准的规定。

2.畜禽养殖场、养殖小区和畜禽粪便处理场按当地农业部门和环境保护行政主管部门要求，定期报告产生量、粪便特性、贮存、处理设施的运行情况，并接受当地和上级农业部门及环境保护机构的监督与检测。

3.排污口标志应按国家环境保护总局有关规定设置。

四、各类养殖场粪污处理工艺技术参数与生产工艺流程

(一)蛋鸡养殖场粪污处理工艺技术参数与生产工艺流程

1.标准设计生产规模：1个年日常存栏蛋鸡10万只的蛋鸡养殖场。

2.单位产粪量：育雏育成：0.09kg/（只·d），折合体积0.093m³/（1000只·d）；蛋鸡：0.13kg/（只·d），折合体积0.134m³/（1000只·d）；密度970kg/m³；折合0.093m³/（1000只·d）。

3.最大允许污水排泄量：干清粪时，冬季0.5m³/（1000只·d），夏季0.7m³/（1000只·d）。

4.堆肥方式：

(1)条垛式堆肥：工艺简单、操作方便、投资少；但产品质量不稳定。

(2)槽式堆肥：处理量大，发酵周期短、机械化程度高，可精确控制温度和含氧量，但投资较高。

(3)反应器堆肥：设备一体化，单体处理量小，自动化程度高，保温节能，不受季节性气候影响，臭气易控制，占地面积小，土建投资少，但设备投资大，耗电量大，日常运行费用高。

5.粪便处理工艺流程：

(1)干清粪(无肥料加工)——暂存池堆粪30d——条垛式堆肥约60d。

(2)干清粪(有机肥加工)——暂存池堆粪15d——堆沤制肥2×（15~20)d——陈化处理15d，有机肥加工、包装、库存180d。

6.污水处理工艺流程：

(1)暂存池储存15d左右，送至集中处理中心发酵处理后，制成液体肥料。

(2)厌氧发酵处理21d左右，经测定符合灌溉标准，可直接用于农田灌溉利用。

畜禽粪便资源化利用建筑配套设施设计总说明（二）

7.末端综合利用：

（1）粪水：配套田间蓄水池（水源工程）、水肥一体化节水灌溉设备（管网工程）。

（2）固体粪便：遵守NY 525—2021《有机肥料》、GB/T 26622—2011《畜禽粪便农田利用环境影响评价准则》。

（二）肉鸡养殖场粪污处理工艺技术参数与生产工艺流程

1.标准设计生产规模：1个年出栏肉鸡30万只的肉鸡养殖场，日常存栏肉鸡5万只。

2.单位产粪量：肉鸡：0.14kg/（只·d），折合体积0.14m³/（1 000只·d）；密度1 000kg/m³。

3.最大允许污水排泄量：干清粪时，冬季0.5m³/（1 000只·d），夏季0.7m³/（1 000只·d）。

4.农田灌区低压输水管道工程标准设计参数：

（1）灌溉方式：喷灌、滴灌、微灌。

（2）水源（蓄水池）：作为水源应与井水、地面水源统筹设计，每亩配套5m³，输送距离不得大于500m。

（3）田间固定管道长度：每公顷50~150m，折合每亩3.3~10m。

（4）管材要求：管径不得小于DN300管材，DN200~300的污水连接支管采用UPVC双壁波纹管。

（5）出水口间距：不大于100m；1个出水口灌溉面积：0.25~0.6公顷，折合3.75~9亩。

（6）配套移动灌溉设备：小型移动式灌溉设备10亩/kW，地面移动软管不得大于200m。

5.堆肥方式：

（1）条垛式堆肥：工艺简单、操作方便、投资少；但产品质量不稳定。

（2）槽式堆肥：处理量大，发酵周期短、机械化程度高，可精确控制温度和含氧量，但投资较高。

（3）反应器堆肥：设备一体化，单体处理量小，自动化程度高，保温节能，不受季节性气候影响，臭气易控制，占地面积小，土建投资少，但设备投资大，耗电量大，日常运行费用高。

6.粪便处理工艺流程：

（1）干清粪（无肥料加工）——暂存池堆粪30d直接清运至有机肥厂或集中处理中心。

（2）干清粪（无翻抛设备）——暂存池堆粪30d——条垛式堆肥约60d。

（3）干清粪（有机肥加工）——暂存池堆粪30d（建设规范要求）——堆沤制肥2×20d——陈化处理15~20d，有机肥加工、包装、库存180d。

7.污水处理工艺流程：

（1）暂存池储存30d左右，送至集中处理中心发酵处理后，制成液体肥料。

（2）厌氧发酵处理21d左右，经测定符合灌溉标准，直接用于农田灌溉利用。

8.末端综合利用：

（1）粪水：配套田间蓄水池（水源工程）、水肥一体化节水灌溉设备（管网工程）。

（2）固体粪便：遵守NY 525—2021《有机肥料》、GB/T 26622—2011《畜禽粪便农田利用环境影响评价准则》。

（三）肉牛养殖场粪污处理工艺技术参数与生产工艺流程

1.标准设计生产规模：1个年出栏1 000只的肉牛养殖场，按年出栏2批，日常存栏肉牛550头。

2.产粪量：不满2岁肉牛17.8kg/（头·d），折合0.017 8m³/（头·d）；2岁以上肉牛20kg/（头·d），折合0.02m³/（头·d）；乳用繁殖母牛18kg/（头·d），折合0.018m³/（头·d）；密度1 000kg/m³。

3.尿液产生量：不满2岁肉牛6.5L/（头·d）；2岁以上肉牛6.7L/（头·d）；乳用繁殖母牛7.2L/（头·d）。

4.最大允许污水排放量：干清粪时，冬季17m³/（100头·d），夏季20m³/（100头·d）。

5.农田灌区低压输水管道工程标准设计参数：

（1）灌溉方式：喷灌、滴灌、微灌。

（2）水源（蓄水池）：作为水源应与井水、地面水源统筹设计，每亩配套5m³，输送距离不得大于500m。

（3）田间固定管道长度：每公顷50~150m，折合每亩3.3~10m。

（4）管材要求：管径不得小于DN300管材，DN200~300的污水连接支管采用UPVC双壁波纹管。

（5）出水口间距：不大于100m；1个出水口灌溉面积：0.25~0.6公顷，折合3.75~9亩。

（6）配套移动灌溉设备：小型移动式灌溉设备10亩/kW，地面移动软管不得大于200m。

6.堆肥方式：

（1）条垛式堆肥：工艺简单、操作方便、投资少；但产品质量不稳定。

（2）槽式堆肥：处理量大，发酵周期短、机械化程度高，可精确控制温度和含氧量，但投资较高。

（3）反应器堆肥：设备一体化，单体处理量小，自动化程度高，保温节能，不受季节性气候影响，臭气易控制，占地面积小，土建投资少，但设备投资大，耗电量大，日常运行费用高。

畜禽粪便资源化利用建筑配套设施设计总说明(四)

2.不同饲养阶段猪只排泄量指标:

不同饲养阶段猪只排泄量推荐值表

猪群种类	粪便产生量 (kg/头/d)	粪便产生量 (kg/d)	尿液产生量 (kg/头/d)	粪便产生量 (kg/d)	备注
繁殖母猪	3.3	1 851.3	7	3.927	配种后观察21d
哺乳仔猪群	0.7	805	7	8.05	按出生头数计算
保育仔猪群	1.3	1 345.5	3	3.105	按转入的头数计算
生长肥育猪群	2.2	5 605.6	3.8	9.682 4	按转入的头数计算
后备母猪	2.4	134.4	4.2	0.235 2	8个月配种
公猪群	2.5	55	6	0.132	不转群
后备公猪群	2.2	17.6	5	0.04	9个月使用

3.最大允许污水排放量:干清粪时,冬季1.2m³/(100头·d),夏季1.8m³/(100头·d)。

4.农田灌区低压输水管道工程标准设计参数:

(1)灌溉方式:喷灌、滴灌、微灌。

(2)水源(蓄水池):作为水源应与井水、地面水源统筹设计,每亩配套5m³,输送距离不得大于500m。

(3)田间固定管道长度:每公顷50~150m,折合每亩3.3~10m。

(4)管材要求:管径不得小于DN300管材,DN200~300的污水连接支管采用UPVC双壁波纹管。

(5)出水口间距:不大于100m;1个出水口灌溉面积:0.25~0.6公顷,折合3.75~9亩。

(6)配套移动灌溉设备:小型移动式灌溉设备10亩/kW,地面移动软管不得大于200m。

5.堆肥方式

(1)条垛式堆肥:工艺简单、操作方便、投资少,但产品质量不稳定。

(2)槽式堆肥:处理量大,发酵周期短、机械化程度高,可精确控制温度和含氧量,但投资较高。

(3)反应器堆肥:设备一体化,单体处理量小,自动化程度高,保温节能,不受季节性气候影响,臭气易控制,占地面积小,土建投资少,但设备投资大,耗电量大,日常运行费用高。

6.粪便处理工艺流程:

(1)干清粪(无肥料加工)——暂存池堆粪30d直接清运至有机肥厂或集中处理中心。

(2)干清粪(无翻抛设备)——暂存池堆粪30d——条垛式堆肥约60d。

(3)干清粪(有机肥加工)——暂存池堆粪30d(建设规范要求)——堆沤制肥2×20d——陈化处理性20d,有机肥加工、包装、库存180d。

7.污水处理工艺流程:

(1)暂存池储存30d左右,送至集中处理中心发酵处理后,制成液体肥料。

(2)厌氧发酵处理30d后,经测定符合灌溉标准,可暂存半年后直接用于农田灌溉利用。

8.末端综合利用:

(1)粪水:配套田间蓄水池(水源工程)、水肥一体化节水灌溉设备(管网工程)。

(2)固体粪便:遵守NY 525—2021《有机肥料》、GB/T 26622—2011《畜禽粪便农田利用环境影响评价准则》。

五、配套设施技术要求

1.设施配套计算结果为满足蛋鸡粪污生产的最低要求。

2.在设施配套设计过程中根据生产工艺,充分满足生产工艺、设备使用功能要求;因地制宜、合理选择生产工艺、科学配套设施设备。

3.考虑池体工程防溢流功能;防雨、防腐蚀工程措施。

4.使用常用建筑模数确定建筑物的开间、宽度及结构类型,尽可能降低建筑成本。

5.充分考虑建设场地的土壤类型、地质液化及湿陷性黄土等级及冻胀土的影响,并按照规范要求进行结构施工图设计。

6.防雨棚屋面可选择轻钢结构,屋面雨水有组织排水设计。

7.堆肥发酵车间、陈化车间因有温度要求可选择阳光板屋面。

8.粪便暂存池、污水池等应采用地下或半地下钢筋混凝土自防水结构。

9.严格遵守现行的国家农业、建设行业的规范、规定和标准。

畜禽粪便资源化利用建筑配套设施设计总说明(三)

7. 粪便处理工艺流程：
（1）干清粪（无肥料加工）——暂存池堆粪30d直接清运至有机肥厂或集中处理中心。
（2）干清粪（无翻抛设备）——暂存池堆粪30d——条垛式堆肥约60d。
（3）干清粪（有机肥加工）——暂存池堆粪30d（建设规范要求）——堆沤制肥2×20d。

8. 污水处理工艺流程：
（1）暂存池储存30d左右，送至集中处理中心发酵处理后，制成液体肥料。
（2）厌氧发酵处理30d后，经测定符合灌溉标准，直接用于农田灌溉利用。

9. 末端综合利用：
（1）粪水：配套田间蓄水池（水源工程）、水肥一体化节水灌溉设备（管网工程）。
（2）固体粪便：遵守NY 525—2021《有机肥料》、GB/T 26622—2011《畜禽粪便农田利用环境影响评价准则》。

（四）奶牛养殖场粪污处理工艺技术参数与生产工艺流程

1. 标准设计生产规模：1个存栏500头奶牛的养殖场，存栏基础母牛300头，青年牛和犊牛200头。
2. 单位产粪量：基础母牛44kg/（头·d），密度990kg/m³，折合0.045 4m³/（头·d）；2岁以上的奶牛平均25kg/（头·d），密度1 000kg/m³，折合0.025m³/（头·d）。
3. 单位尿液产生量：基础母牛13.4L/（头·d）；其他8.2L/（头·d）。
4. 最大允许污水排放量：干清粪时，冬季17m³/（100头·d），夏季20m³/（100头·d）。
5. 农田灌区低压输水管道工程标准设计参数：
（1）灌溉方式：喷灌、滴灌、微灌。
（2）水源（蓄水池）：作为水源应与井水、地面水源统筹设计，每亩配套5m³，输送距离不得大于500m。
（3）田间固定管道长度：每公顷50~150m，折合每亩3.3~10m。
（4）管材要求：管径不得小于DN300管材，DN200~300的污水连接支管采用UPVC双壁波纹管。
（5）出水口间距：不大于100m；1个出水口灌溉面积：0.25~0.6公顷，折合3.75~9亩。
（6）配套移动灌溉设备：小型移动式灌溉设备10亩/kW，地面移动软管不得大于200m。
6. 堆肥方式：
（1）条垛式堆肥：工艺简单、操作方便、投资少；但产品质量不稳定。
（2）槽式堆肥：处理量大，发酵周期短，机械化程度高，可精确控制温度和含氧量，但投资较高。
（3）反应器堆肥：设备一体化，单体处理量小，自动化程度高，保温节能，不受季节性气候影响，臭气易控制，占地面积小，土建投资少，但设备投资大，耗电量大，日常运行费用高。
7. 粪便处理工艺流程：
（1）干清粪（无肥料加工）——暂存池堆粪30d直接清运至有机肥厂或集中处理中心。
（2）干清粪（无翻抛设备）——暂存池堆粪30d——条垛式堆肥约60d。
（3）干清粪（有机肥加工）——暂存池堆粪30d（建设规范要求）——堆沤制肥2×20d。
8. 污水处理工艺流程：
（1）暂存池储存30d左右，送至集中处理中心发酵处理后，制成液体肥料。
（2）厌氧发酵处理30d后，经测定符合灌溉标准，直接用于农田灌溉利用。
9. 末端综合利用：
（1）粪水：配套田间蓄水池（水源工程）、水肥一体化节水灌溉设备（管网工程）。
（2）固体粪便：遵守NY 525—2021《有机肥料》、GB/T 26622—2011《畜禽粪便农田利用环境影响评价准则》。

（五）生猪养殖场粪污处理工艺技术参数与生产工艺流程

1. 设计标准养殖规模：
（1）年出栏500头的生猪养殖场，日常存栏269头。
（2）年出栏2 000头的生猪养殖场，日常存栏1 076头。
（3）年出栏5 000头的生猪养殖场，日常存栏2 690头。
（4）年出栏10 000头的生猪养殖场，日常存栏5 380头。

（4）GB/T 25246—2010《畜禽粪便还田技术规范》。

（5）NY/T 2065—2011《沼肥施用技术规范》。

（6）GB/T 26622—2011《畜禽粪便农田利用环境影响评价准则》。

（7）GB/T 26624—2011《畜禽养殖污水贮存设施设计要求》。

（8）NY/T 2374—2013《沼气工程沼液沼渣后处理技术规范》。

（9）GB 5084—2005《中华人民共和国农田灌溉水质标准》。

（10）NY/T 1168—2006《畜禽粪便无害化处理技术规范》。

（11）CJJ/T 54—2017《污水自然处理工程技术规程》。

（12）《畜禽养殖业产污系数与排污系数手册》。

（13）NY 525—2021《有机肥料标准》。

（14）《"十二五"主要污染物总量减排核算细则》。

（15）GBT 50363—2006《节水灌溉工程技术规范》。

（16）GBT 30600—2014《高标准农田建设通则》。

3. 建筑结构工程设计规范及标准：

（1）GB 50016—2014《建筑设计防火规范》（2018年版）。

（2）GB 50352—2005《民用建筑设计通则》。

（3）GB 50187—2012《工业企业总平面设计规范》。

（4）GB 50009—2012《建筑结构荷载规范》。

（5）GB 50010—2011《混凝土结构设计规范》（2015年版）。

（6）GB 50011—2010《建筑抗震设计规范》（2016年版）。

（7）GB 50191—2012《构筑物抗震设计规范》。

（8）GB 50007—2011《建筑地基基础设计规范》。

（9）JGJ 79—2012《建筑地基处理技术规范》。

（10）GB 51004—2015《建筑地基基础工程施工规范》。

（11）GB/T 50476—2017《混凝土结构耐久性设计规范》。

（12）GB 50025—2004《湿陷性黄土地区建筑规范》。

（13）GB 50003—2011《砌体结构设计规范》。

（14）GB 50017—2017《钢结构设计规范》。

（15）JGJ 107—2016《钢筋机械技术连接规程》。

（16）GB 50108—2008《地下工程防水技术》。

（17）GB 50046—2008《工业建筑防腐蚀设计规范》。

4. 建筑给排水工程设计规范：

（1）GB 50013—2006《室外排水设计规范》（2016年版）。

（2）GB 50015—2003《建筑给水排水设计规范》（2009版）。

（3）GB 50016—2014《建筑设计防火规范》（2018年版）。

（4）GB 50057—2010《建筑物防雷设计规范》。

5. 建筑电气设计规范：

（1）GB 50052-2009《供配电系统设计规范》。

（2）GB 50054-2011《低压配电设计规范》。

畜禽粪便资源化利用建筑配套设施设计总说明(五)

六、配套建(构)筑物设施

综合养殖规模、养殖方式、清粪方式、粪便资源化利用工艺、农田综合利用方式、设备工艺、建筑墙体、建筑结构要求等进行蛋鸡场建筑设施配套。

1. 源头减量—配套：鸡场饮水系统改造技术；鸡场清粪系统改造；雨污分流系统设计；污水管网设计。

2. 过程控制：配套粪便暂存池、条垛式堆肥车间或翻抛车间、陈化车间、有机肥加工车间、库房设施；污水厌氧发酵池等。

3. 末端利用：田间储粪池、储液池、肥水调节池、节水灌溉管网工程、生态拦截沟渠等。

七、建筑物明细

1. 粪便暂存池、防雨棚。
2. 槽式堆肥车间。
3. 陈化处理车间、加工车间、包装车间。
4. 原料库、成品库房。

八、建(构)筑物特征

1. 平面布置：畜禽养殖废弃物资源化利用设施配套工程属于生产性建筑，建筑物梁底标高不小于3.5m且满足运输及工艺设备的实际高度要求，开间6~8m，跨度尽量采用标准模数12m、15m、18m等。

2. 结构类型：暂存池、污水处理池、发酵槽、陈化池等为地下或半地下钢筋混凝土防水结构；防雨棚为轻钢结构；加工车间、成品库等墙体为砖混结构，屋面可以使用轻钢结构，为保证屋顶的抗风强度建议采用最小保温厚度为30mm的彩钢保温板。

3. 耐久性：轻钢结构使用年限为25年；墙体砖混结构，屋面轻钢结构按轻钢结构耐久性为50年，如果项目施工时未能提供合格的地质勘查报告，建(构)物一律视为临时性建筑，使用年限均为5年。

4. 耐火等级：耐火等级不应低于三级；污水处理池不低于二级。

5. 抗震等级：山西地区建筑物抗震设防烈度为6~9度，设计基本地震加速度值为0.05g～0.2g。

6. 标准工程做法：

(1)外墙面：砖混结构外墙全部水泥砂浆涂料外墙。

(2)屋面：蓝色彩钢夹芯板屋面，最小厚度30mm。

(3)内墙面：水泥砂浆抹面。

(4)地面：150mm厚混凝土地面。

(5)散水：细石混凝土散水，宽1~1.5m，1.5m用于湿陷性黄土地区的建筑物。

(6)坡道：混凝土坡道，厚度不小于100mm。

(7)全封闭防水：池体防水等级为一级，要求结构自防水，并增加1~2种其他防水；防水还应包括主体、施工缝、后浇带、变形缝、管道出入口等细部结构的防水措施，H=2~3m，设计抗渗等级P6。

(8)混凝土要求：混凝土厚度不得小于250mm，裂缝宽度不小于0.2mm且不得贯通，迎水面钢筋保护层不得小于50mm；混凝土材料、配合比等应该符合GB 50108《地下工程防水技术规范》的相关规定。

(9)卷材防水：地下工程一般采用高聚物防水卷材和合成高分子类防水卷材，主要物理性能应符合GB 50108《地下室工程防水技术规范》的相关规定；防水卷材应铺设在混凝土结构迎水面，当基层面潮湿时，应涂刷固化型胶或潮湿界面隔离剂；防水卷材的品种规格应根据地下工程的防水等级、地下水位和水压力状况等选择。

(10)池体工程做法：参考DBJT04-35-2012-12J1《山西省工程建设标准设计》图集工程用料做法为：防水混凝土外墙≥250mm，抗渗等级≥P6；20mm厚1:2.5水泥砂浆找平层，刷基层处理剂1遍；3.0mm厚1:2水泥基防水涂料(迎水面改为卷材防水层)；20mm厚1:2水泥砂浆保护层(当内壁表面平整时可取消保护层)。

九、国家政策及采用的规范、标准

1. 重要文件：

(1)《国务院办公厅关于加快推进畜禽养殖废弃物资源化利用的意见》国办〔2017〕48号文。

(2)农业部印发《畜禽规模养殖场粪污资源化利用设施建设规范(试行)》2018。

2. 农业及环保行业规范：

(1)GB 18596—2017《不同畜种不同清粪工艺最高允许排水量》。

(2)GB/T 27622—2011《固体粪便暂存池(场)的设计》。

(3)GB/T 26624—2011《污水暂存池的设计》。

图 例

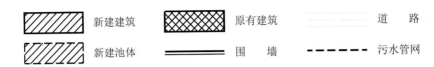

（斜线图案）新建建筑	（交叉图案）原有建筑	（双线）道 路	
（斜线图案）新建池体	（粗线）围 墙	- - - - - - 污水管网	

10万只蛋鸡场建筑物计算明细表

序号	工程名称	收集粪（成品储存）量（m³）	池体积（m³）	建筑面积（m²）	结构类型	备注
1	堆粪场			288		
1-1	堆粪池	303	404	202	钢筋混凝土结构（H=2 000）	堆粪时间15 d，调整系数取1.5，堆高1.5 m，预留0.5m高防止溢出；防雨棚面积按建筑模数调整
1-2	堆粪场防雨棚			288	轻钢结构	
2	发酵车间			630		
2-1	槽式堆肥槽	536	643	536	钢筋混凝土结构（H=800）	实际堆粪高度按1m计，槽体高度1.2 m，按2个堆肥槽设计调整生产；防雨棚面积按建筑模数调整
2-2	防雨棚			630		
3	有机肥加工车间			588		有机肥加工车间内布置与陈化槽
其中：	陈化槽		450	225	轻钢结构	
4	库房			810		
4-1	成品库	836		398	屋面轻钢结构、屋面以下可以选择砌体结构	成品库与原料库联合设计，建筑物利用率按70%计
4-2	原料库	836		398		
5	实际排水量	300		75		
6	管理用房			102	砌体结构或混合结构	可根据实际需要设计
7	门房			15		
	合计			2 508		

附图1：10万只蛋鸡场配套设施总平面图

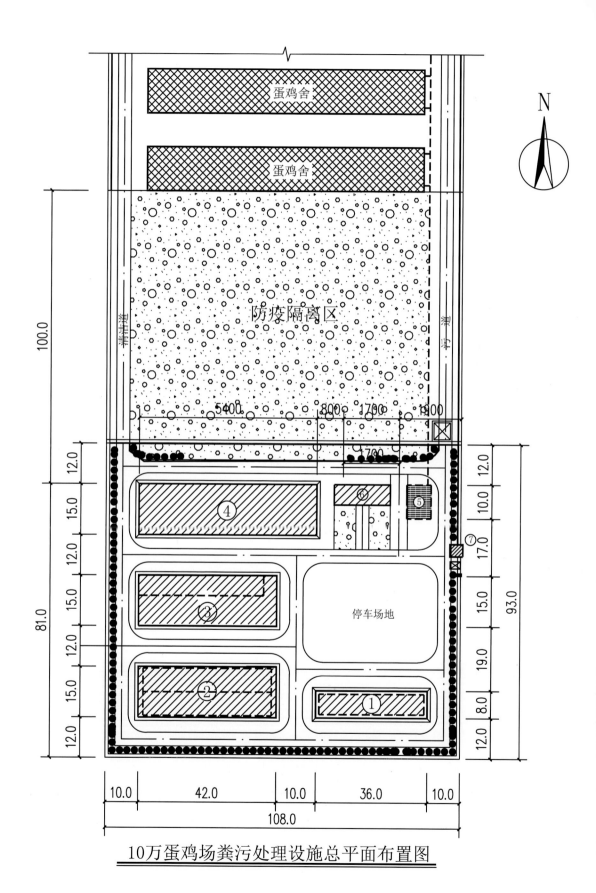

10万蛋鸡场粪污处理设施总平面布置图

图　例

图案	说明	图案	说明	图案	说明
▨	新建建筑	▨	原有建筑	═══	道　路
▨	新建池体	══	围　墙	------	污水管网

10万只蛋鸡场建筑物计算明细表

序号	工程名称	收集粪（成品储存）量（m³）	池体积(m³)	建筑面积（m²）	结构类型	备注
1	堆粪场			240		
1-1	堆粪池	303	404	168	钢筋混凝土结构（H=2 000）	堆粪时间15 d，调整系数取1.5，堆高1.5 m，预留0.5m高防止溢出；防雨棚面积按建筑模数调整
1-2	堆粪场防雨棚			240	轻钢结构	
2	发酵车间			450		
2-1	槽式堆肥槽	536	643	280	钢筋混凝土结构（H=800）	实际堆粪高度按1m计，槽体高度1.2 m，按2个堆肥槽设计调整生产；防雨棚面积按建筑模数调整
2-2	防雨棚			450		
3	有机肥加工车间			450		有机肥加工车间内布置与陈化槽
其中：	陈化槽		450	118	轻钢结构	
4	库房			180		
4-1	成品库	836		77	屋面轻钢结构、屋面以下可以选择砌体结构	成品库与原料库联合设计，建筑物利用率按70%计
4-2	原料库	836		77		
5	实际排水量	300		112.5		
6	管理用房			102	砌体结构或混合结构	可根据实际需要设计
7	门房			15		
	合计			1 549.5		

附图2：年出栏30万只肉鸡场配套设施总平面图

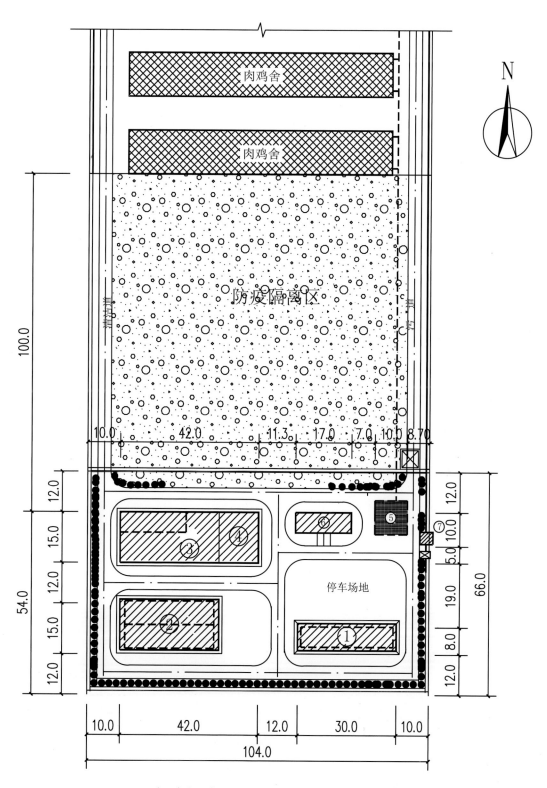

N

肉鸡舍

肉鸡舍

防疫隔离区

停车场地

③ ④ ⑥ ⑤ ⑦ ① ②

100.0
54.0
12.0
15.0
12.0
15.0
12.0

10.0 42.0 11.3 17.0 7.0 10.0 8.70

12.0
10.0
5.0
19.0
8.0
12.0
66.0

10.0 42.0 12.0 30.0 10.0
104.0

30万肉鸡场粪污处理设施总平面布置图

图 例

年出栏 1 000 头肉牛场建筑物计算明细表

名称	收集粪（成品储存、污水处理池）量（m³）	池体积（m³）	建筑面积（m²）	结构类型	备注
场			300		
池	307.5	410	205	钢筋混凝土结构（H=2 000）	堆粪时间3d，考虑集中出粪调整系数取1.5，堆高1.5m，预留0.5m高防止溢出；防雨棚面积按建筑模数调整
防雨棚			300	轻钢结构	
车间			450		
肥槽	273	327	273	钢筋混凝土结构（H=800）	实际堆粪高度按1m计，槽体高度1.2 m，按2个堆肥槽设计调整生产；防雨棚面积按建筑模数调整
棚			450		
工车间			360		有机肥加工车间内布置与陈化槽
槽		229	114	轻钢结构	
号			360		
库	438		209	屋面轻钢结构屋面以下可以选择砌体结构	成品库与原料库联合设计，建筑物利用率按70%计
车	438		209		
理池	2 238		560		
发池	253		63		
（m³）	1000		250		
（m³）	100		25		
污水池	885		221		
用房			102	砌体结构或混合结构	可根据实际需要设计
号			15		
计			2 147		

附图3：年出栏1000头肉牛养殖场配套设施总平面图

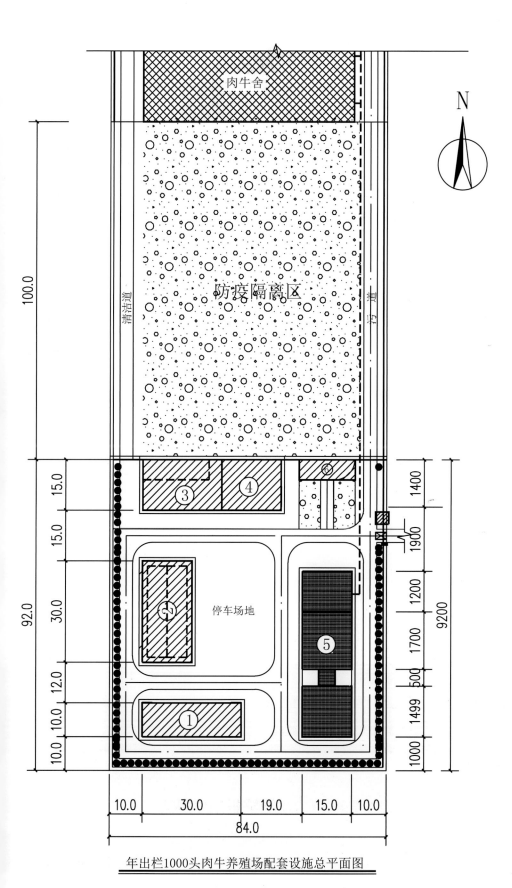

年出栏1000头肉牛养殖场配套设施总平面图

序号	
1	
1-1	
1-2	
2	
2-1	
2-2	
3	
其中:	
4	
4-1	
4-2	
5	
5-1	
5-2	
5-3	
5-4	
6	
7	

图 例

新建建筑　　 原有建筑　　—————— 道　路

新建池体　　══════ 围　墙　　— — — — — 污水管网

存栏500头奶牛养殖场建筑物计算明细表

程名称	收集粪（成品储存）量（m³）	池体积（m³）	建筑面积（m²）	结构类型	备注
堆粪场			576		
堆粪池	662	883	441	钢筋混凝土结构（H=2 000	堆粪时间3 d，考虑集中出粪调整系数取1.2～1.5，堆高1.5m，预留0.5m高防止溢出；防雨棚面积按建筑模数调整
场防雨棚			576	轻钢结构	
酵车间			900		
式堆肥槽	735	882	735	钢筋混凝土结构（H=800	实际堆粪高度按1 m计，槽体高度1.2 m，按两个堆肥槽设计调整生产；防雨棚面积按建筑模数调整
防雨棚			900		
肥加工车间			630		
陈化槽		618	309	轻钢结构	有机肥加工车间内布置与陈化槽
库房			630		
成品库	650		310	屋面轻钢结构、屋面以下可以选择砌体结构	成品库与原料库联合设计，建筑物利用率按70%计
原料库	650		310		
水处理池	6 580		750		
尿液池	532.8		133		
氧池（m³）	500		125		
氧池（m³）	80		20		
化污水池	900		225		
理用房			102	砌体结构或混合结构	可根据实际需要设计
门房			15		
合计			3 603		

附图4：年存栏500头奶牛养殖场配套设施总平面图

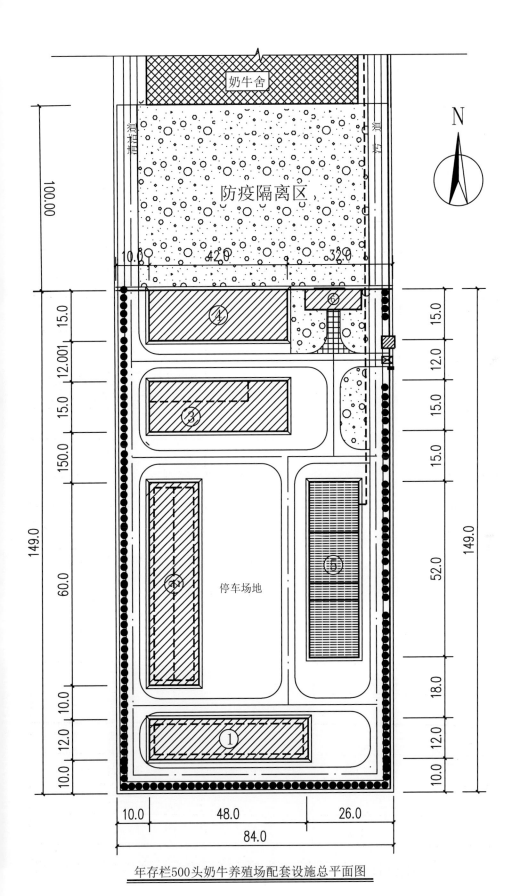

序号
1
1-1
1-2
2
2-1
2-2
3
其中:
4
4-1
4-2
5
5-1
5-2
5-3
5-4
6
7

年存栏500头奶牛养殖场配套设施总平面图

图 例

▨ 新建建筑	▨ 原有建筑	══ 道 路
▨ 新建池体	══ 围 墙	- - - - - 污水管网

年出栏 2 000头生猪养殖场建筑物计算明细表

工程名称	收集粪（成品储存）量（m³）	池体积（m³）	建筑面积（m²）	结构类型	备注
堆粪场			144		
堆粪池	90	120	60	钢筋混凝土结构（H=2000）	堆粪时间3d，考虑集中出粪调整系数取1.6，堆高1.5m，预留0.5m高防止溢出；防雨棚面积按建筑模数调整
堆粪场防雨棚			144	轻钢结构	
发酵车间			144		
槽式堆肥槽	79	95	79	钢筋混凝土结构（H=800）	实际堆粪高度按1m计，槽体高度1.2 m，按两个堆肥槽设计调整生产；防雨棚面积按建筑模数调整
防雨棚			144		
机肥加工车间			180		有机肥加工车间内布置与陈化槽
陈化槽		67	33	轻钢结构	
库房			216		
成品库	189		90	屋面轻钢结构、屋面以下可以选择砌体结构	成品库与原料库联合设计,建筑物利用率按70%计
原料库	189		90		
污水处理池	841		376		
前尿液池	261		65		
厌氧池（m³）	20		5		
好氧池（m³）	200		50		
无害化污水池	360		90		
管理用房			102	砌体结构或混合结构	可根据实际需要设计
门房			15		
合计			1 177		

附图5：年出栏2000头生猪养殖场配套设施总平面图

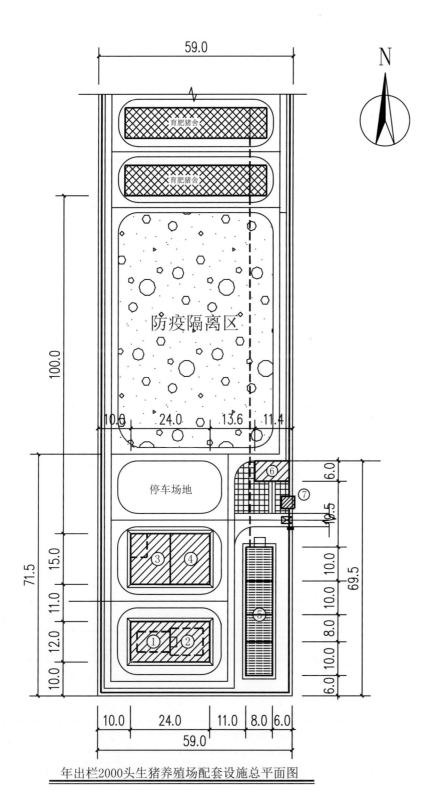

年出栏2000头生猪养殖场配套设施总平面图

N

序号
1
1-1
1-2
2
2-1
2-2
3
其中
4
4-1
4-2
5
5-
5-
5-
5-
6
7

养殖场雨污分流设计总说明(二)

定管网平面位置和高程。

9.管道最大流速:

金属管道为10m/s;非金属管道为5m/s。排水明渠的最大设计流速:混凝土渠4m/s;浆砌石或砖4m/s;草皮护坡1.6m/s。

管道最小流速污水管道在设计充满度下为0.6m/s;雨水管道和合流管道在满流时为0.75m/s;明渠为0.4m/s。排水管道采用压力流时,压力管道设计流速宜采用0.7~2m/s。

10.管顶最小覆土深度:

管顶最小覆土深度,应根据管材强度、外部荷载、土壤冰冻深度和土壤性质等条件,结合当地埋管经验确定。管顶最小覆土深度宜为:人行道下0.6m,车行道下0.7m。

11.管网设计及配套设施:

管渠平面位置和高程,应根据地形、土质、地下水位、道路情况、原有的和规划的地下设施、施工条件以及养护管理方便等因素综合考虑确定。

12.雨水收集分流:

屋面雨水汇集,采用屋面采用有组织排水,屋面雨水管径不小于Φ75UPVC或镀锌铁皮,雨水管间距18~24m,每根雨水管汇水面积200~250m²。屋面自由落水,出檐宽度不小于40cm;散水宽度1~1.5m,坡度4%~5%。

13.道路排水:当场地排水坡度大于0.3%,污水管网防雨、防渗漏、防腐蚀,可采用地面径流、道路排水。

明沟排水系统:地面排水沟规格深30cm×30cm,可采用成品、混凝土浇筑、砖石砌筑,排水坡度0.3%~0.5%。

地埋管排水系统:根据流量查《给排水设计手册》确定管径和管材,雨水管主管道采用DN300~600管径,按UPVC双壁波纹管或承插式钢筋混凝土排水管设计。D300的雨水口连接支管采用UPVC双壁波纹管。排水系统每隔20~50m设1个雨水口(井),转弯处及连接处设雨水井。

14.雨水管网附属设施:

检查井管道交汇处、转弯处、管径或坡度改变处、跌水处以及直线管段上每隔一定距离设置检查井。雨水检查井采用圆形雨水检查井。检查井井盖和盖座均采用钢纤维混凝土材质,井顶标高高出地面0.15m。

雨水口道路:雨水口均采用丙型单箅雨水口,材料采用钢纤维混凝土。雨水井圈高程比该处道路路面低20mm,并与附近路面接顺(纵向坡度i=0.3,横向坡度i=0.06)。雨水口连接管为DN300,坡度不小于0.01,起点覆土不小于0.7m。道路最低点、道路交叉口附近及未置于道路最低洼处的雨水口,在实施时应调整至实际路面的最低点,以保证有效收水。

四、污水管网系统设计

1.生活污水量:

设计:综合生活污水量每人140~180L/d(室内有排水设备、淋浴设备);现代化蛋鸡场人员配置情况:10万只蛋鸡场人员配置约为10人,日排水量为1 400~1 800L/d。

2.生产污水:

按最大允许排放量设计,干清粪冬季取每千只每天0.6m³,夏季取每千只每天0.7m³。

3.污水量变化系数:生活污水量变化系数取1.5,生产污水量取1.2。

4.污水采用厌氧发酵池处理,不考虑降雨体积。

5.预留高度取0.9m。

6.管顶最小覆土深度:根据管材强度、外部荷载、土壤冰冻深度和土壤性质等条件,结合当地埋管经验确定。管顶最小覆土深度宜为:人行道下0.6m,车行道下0.7m。

7.污水收集分流及附属设施:

地埋管排水系统:根据流量查《给排水设计手册》确定管径和管材,排水管主管采用DN300~DN600管径,DN200~DN300的污水连接支管采用UPVC双壁波纹管。最小坡度0.3%,每隔20~50m设1个检查井,转弯处及连接处设检查井。

8.养殖场污水通过管网输送到污水处理系统。

五、管网规划

1.污水管网规划:污水管道设计按最高日最高时污水量设计,管道施工时以施工图设计为主,本设计只作为设计标准图参考;污水主干管应靠近规划用水量大的区域,尽量埋设于不影响主干道交通的附加人行道上,且应尽量位于区域的中心位置,以减少管道的埋深造价。

2.雨水网:按重力流就近就排放的原则,结合地形布置,充分利用地形设计雨水沟,并且规划分区排水,以减少雨水沟宽度和深度。雨水管控制点的选择应充分考虑场地内最低点的雨水能顺畅地排出。

养殖场雨污分流设计总说明(一)

一、雨污分流设计说明

1.雨污分流技术是养殖场源头控制的1项非常有效的技术环节,合理的管网系统设计可保证地面雨水与场区污水各行其道,保护场区及周边环境。

2.雨污分流,是一种排水体制,是指用不同管渠系统分别收集、输送污水和雨水的场区排水方式。雨水通过雨水系统直接排到场外雨水沟;污水通过污水管网收集后,送到污水处理设施进行处理,达到灌溉标准可灌溉农田;达标排放需经批准可排放。

3.在总平面图上分别布置污水管、雨水管(沟),平行道路布置,按照《室外排水设计规范》布置一定数量的检查井,接到市政工程污水雨水检查井,接市政工程要经过当地排水部门审批。

4.由于不同地区设计暴雨强度参数不同,雨水流量及降雨历时、建筑屋面大小、坡度、地面高差、养殖规模、收集方式等不同需要进行场区雨水、污水系统设计。

5.为了减少雨水管网工程的造价,凡是粪污设施设置防水设施、污水管网暗排的场区,雨水系统可采用地面道路排水。

二、设计依据

1.GB 50013—2006《室外排水设计规范》(2016年版)。

2.GB 50015—2003《建筑给水排水设计规范》(2009年版)。

3.GB 50016—2014《建筑设计防火规范》(2018年版)。

4.GB 50242—2002《建筑给水排水及采暖工程施工质量验收规范》。

三、雨水管网设计方法

1.山西地区设计暴雨强度:

$$Q=167A_1(1+CLgP)/(t+b)^n$$

式中:Q—设计暴雨强度[L/(s·hm²)];

　　　t—降雨历时(min);

　　　P—设计重现期(年);

　　　A_1,C,b,n—参数,根据统计方法进行计算确定。

2.设计雨水流量:

$$Qs=q\Psi F$$

式中:Qs—雨水设计流量(L/s);

　　　q—设计暴雨强度[L/(s·hm²)];

　　　1hm²=10 000m²

　　　Ψ—径流系数;

　　　F—汇水面积(hm²)。

3.雨水管渠的降雨历时:

$$t=t_1 + t_2$$

式中:

　　　t—降雨历时(min);

　　　t_1—地面集水时间(min),应根据汇水距离、地形坡度和地面种类计算确定,一般采用5~15min;

　　　T_2—管渠内雨水流行时间(min)。

4.管网重现期取值:

雨水管网重现期取值1~3年,当降雨强度平均十年一遇,地面积水设计及标准道路积水深度≤15cm。

5.综合径流系数:混凝土路面0.85~0.95;级配碎石路面0.4~0.5;绿地0.1~0.2;裸露地面0.35~0.4。

6.地面集水时间:

在地面平坦、地面种类接近、降雨强度相差不大的情况下,地面集水距离是决定集水时间长短的主要因素;地面集水距离的合理范围是50~150m,采用的集水时间为5~15min。

7.雨水调节池:

当场区地面明显低于周边环境,为提高排水安全性,一种较为经济的做法是结合场区公共绿地、硬化场地等公共设施,设雨水调蓄池。

8.雨水管网设计:

应根据地形、土质、地下水位、道路情况、原有的和规划的地下设施、施工条件以及养护管理方便等因素确

养殖场雨污分流设计总说明 (四)

附表2 雨水立管汇水面积

降雨强度	q_s (L/s·100m²)	1.5	1.8	2.0	2.5	3.0	3.5	4.0	4.5	5.0	6.0
(q_s)	H (mm/h)	55	65	70	90	110	125	145	160	180	215
立管直径 (mm)	75	—	—	—	—	—	190	170	150	130	110
	100	790	670	620	480	400	350	300	270	240	200
	125	1 250	1 060	980	760	620	550	470	420	380	310
	150	1 790	1 520	1 410	1 090	890	780	680	610	550	450
	200	3 190	2 700	2 500	1 950	1 590	1 400	1 210	1 090	970	810

备注：1.预留高度0.9m，厌氧发酵和好氧发酵时设计防雨棚均不考虑降雨体积；2.生活污水单独考虑化粪池。

附表3 养殖污水量计算表

蛋鸡存栏 （只）	储存天数 （d）	夏季日最高允许排水量 [m³/（千只·d）]	养殖污水系数	养殖污水量 （m³）
100 000	30	0.7	1.2	2 100
200 000	30	0.7	1.2	4 200
300 000	30	0.7	1.2	6 300
500 000	30	0.7	1.2	10 500
1 000 000	30	0.7	1.2	21 000

备注：1.预留高度0.9m，厌氧发酵和好氧发酵时设计防雨棚均不考虑降雨体积；2.生活污水单独考虑化粪池。

附表4 主要材料表

序号	名称与规格	单位	数量	备注
1	HDPE双壁波纹管 DN300	m	200	
2	HDPE双壁波纹管 DN400	m	300	
3	HDPE双壁波纹管 DN500	m	200	
4	检查井	座		
5	集雨池			

备注：本材料表仅供参考。

养殖场雨污分流设计总说明(三)

3.雨水沟:明沟采用钢筋混凝土,设置变形缝;雨水暗管采用UPVC管,按需配套排水井。

六、管网设施设计要求

1.除排水、雨水管道标高为管内底标高外,其余管道均指管中心标高。

2.设计生活、生产以及消防合用室外给水管道,埋地的生活给水管为钢塑复合管,沟槽式卡箍连接,阀门及需拆卸部位,采用法兰连接。给水管道必须采用与管材相适应的管件。生活给水系统所涉及的材料必须达到饮用水卫生标准。管外壁刷冷底子油1道,石油热沥青2道,外包玻璃丝布1层。管外壁刷冷底子油1道,石油热沥青2道,外包玻璃丝布1层。排水管采用HDPE聚乙烯双壁波纹管,承插式接口。

3.污(雨)水管道采用管顶平连接,管道基础作法见详见大样图。排水管道应埋设于地基为原状土上,施工中地基土不应受扰动,采用机械开挖时应人工清底。地基土若被扰动,应采取以下措施:扰动150mm以内,可原状土夯实,夯实系数≥0.95,扰动150mm以上,可用3:7灰土、卵石、碎石、毛石等填充夯实,夯实系数≥0.95。

4.排水管单侧或双侧有接入管:管径≤400mm时,采用1000mm直径砖砌检查井;管径≤600mm时,采用1250mm直径砖砌检查井,管径≤800mm时,采用1500mm直径砖砌检查井。人行道和车行道下配重型井盖。位于车行道的检查井,应具有足够的承压能力。

5.排水管的铺设不得出现无坡、倒坡现象。

6.排水管埋设前应做通水试验,排水畅通,无堵塞,管道接口无渗漏为合格;管道埋深较浅处,须采取一定的保护措施,以免行车压坏管道;如遇管道交叉,请注意压力管让重力管,小管径管道让大管径管道。

7.未尽事宜,按照国家现行的有关规范,规程执行。

附表1 山西省雨水系统设计计算表

城市名称	降雨强度 q_s (L/s·100m²) /H (mm/h)					
	P=1	P=2	P=3	P=4	P=5	P=6
太原市	2.31/83	2.92/105	3.27/118	3.52/127	3.72/134	4.32/155
大同市	1.74/63	2.18/79	2.44/88	2.63/95	2.77/100	3.22/116
朔州市	2.01/72	2.50/90	2.78/100	2.98/107	3.14/113	3.62/130
原平市	2.23/80	2.93/105	3.34/120	3.63/131	3.85/139	4.55/164
阳泉市	2.14/77	2.53/91	2.76/99	2.92/105	3.05/110	3.44/124
榆次市	1.94/70	2.57/92	2.94/106	3.20/115	3.40/122	4.03/145
离石市	1.77/64	2.20/79	2.45/88	2.62/94	2.76/99	3.19/115
长治市	1.99/71	2.84/102	3.34/120	3.70/133	3.97/143	4.83/174
临汾市	2.10/76	2.69/97	3.04/100	3.29/118	3.48/125	4.07/147
侯马市	2.29/82	3.00/108	3.42/123	3.72/134	3.95/142	4.67/168
运城市	1.69/61	2.22/80	2.52/91	2.74/99	2.91/105	3.44/124

备注:1.预留高度0.9m,厌氧发酵和好氧发酵时设计防雨棚均不考虑降雨体积;2.生活污水单独考虑化粪池。

附图1 雨污分流设计工艺流程图

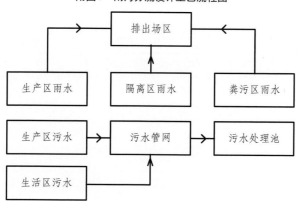

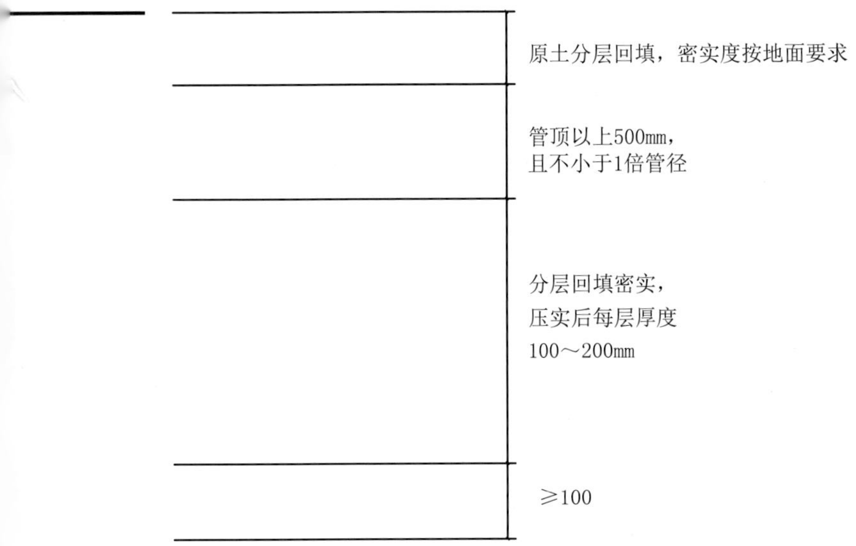

原土分层回填，密实度按地面要求

管顶以上500mm，
且不小于1倍管径

分层回填密实，
压实后每层厚度
100～200mm

≥100

附图6：双壁波纹排水管道断面图

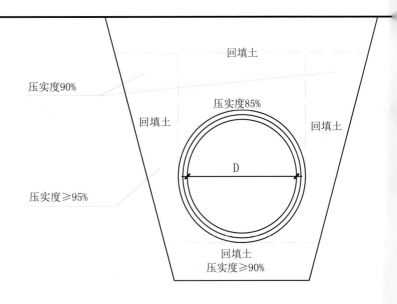

回填土

压实度90%

回填土

压实度85%

回填土

D

压实度≥95%

回填土
压实度≥90%

双壁波纹排水管道断面图

养殖场畜禽粪便资源化利用——堆粪场（棚）设计说明（二）

4.标准规模设计：本设计为有效堆粪体积500m³、800m³的堆粪场标准设计图。

六、工程做法及要求

1.池体防水工程设计要求：为了操作方便，一般堆粪场为地下工程，高于地面500mm，为安全起见，周围设1 200mm高防护栏。

2.建筑结构设计要求：全封闭防水；防水等级为一级，要求结构自防水，并增加1~2种其他防水；防水工程应包括主体、施工缝、后浇带、变形缝、管道出入口等细部结构的防水措施，高度H=2~3m，设计抗渗等级P6。

3.混凝土要求：混凝土厚度不得小于250mm，裂缝宽度不小于0.2mm且不得贯通，迎水面保护层不得小于50mm；混凝土材料、配合比等应该符合GB 50108《地下工程防水技术规范》的相关规定。

4.卷材防水：地下工程一般采用高聚合物防水卷材和合成高分子类防水卷材，主要物理性能应符合GB 50108《地下室工程防水技术规范》的相关规定；防水卷材应铺设在混凝土结构迎水面，当基层面潮湿时，应涂刷固化型胶或潮湿界面隔离剂；防水卷材的品种规格应根据地下工程的防水等级、地下水位和水压力状况等选择。

5.池体工程做法：参考DBJT04-35-2012-12J1《山西省工程建设标准设计》工程用料做法：外壁选用池防4；防水混凝土外墙≥250mm，抗渗等级≥P6；20厚1:2.5水泥砂浆找平层；刷基层处理剂1遍；3厚1:2水泥基防水涂料（迎水面改为卷材防水层）；20厚1:2水泥砂浆保护层（当内壁表面平整时可取消保护层）。

6.防雨棚工程做法：

（1）结构类型：轻钢结构。

（2）屋面做法：保温层用30~50mm厚岩棉夹芯板，面材厚度0.5厚。

（3）池体周围地面做法：60厚C25混凝土地面随打随抹；150厚3:7灰土垫层，素土夯实。

（4）散水做法：60mm厚现浇混凝土散水，散水宽度1 000~1 500mm，坡度不小于5%。

（5）坡道做法：180mm厚混凝土麻面防滑坡道。

（6）钢结构、护栏刷二道防锈漆。

（7）护栏预留操作口，操作口尺寸800mm×1 200mm，并做宽度400mm的横向联结，其余部分护栏竖向间距100mm。

养殖场畜禽粪便资源化利用——堆粪场(棚)设计说明(一)

一、基本概念

1.堆粪场的作用:主要指用对干清粪工艺模式的畜禽粪污进行暂存的设施。

2.堆粪周期:根据养殖规模、清粪制度、无害化处理工艺、定期清运时间等制定的粪便清运、无害化处理之前储存时间。

二、设计依据

1.GB/T 27622—2011《固体粪便暂存池(场)的设计》。

2.《畜禽规模养殖场粪污资源化利用设施建设规范(试行)》。

3.GB 50108—2008《地下工程防水技术》。

4.GB 50191—2012《构筑物抗震设计规范》。

5.GB 50007—2011《建筑地基基础设计规范》。

6.JGJ 79—2012《建筑地基处理技术规范》。

7.GB 51004—2015《建筑地基基础工程施工规范》。

8.GB/T 50476—2017《混凝土结构耐久性设计规范》。

9.GB 50025—2004《湿陷性黄土地区建筑规范》。

10.GB 50017—2017《钢结构设计规范》。

11.GB 50046—2008《工业建筑防腐蚀设计规范》。

三、设计原则

1.养殖场尽量减少堆粪场的体积。

2.可定期清运至有机肥加工厂、集中处理中心的养殖场,应根据清运时间确定堆粪周期来确定堆粪场的大小。

3.无定期清粪协议,清运时间大于1个月,养殖场应配套粪便无害化处理设施。

4.清运时间大于2个月,养殖规模比较小的养殖场应至少配套条垛式堆肥设施。

四、设计要求

1.畜禽养殖场产生的畜禽粪便应设置专门的贮存设施。

2.畜禽养殖场、养殖小区或畜禽粪便处理场应分别设置液体和固体废弃物贮存设施,畜禽粪便贮存设施位置必须距离地表水体400m以上。

3.畜禽粪便贮存设施应设置明显标志和围栏等防护措施保证人畜安全。

4.贮存设施必须有足够的空间来贮存粪便。在满足下列最小贮存体积条件下设置预留空间,一般在能够满足最小容量的前提下将深度或高度增加0.5m以上。

5.对固体粪便贮存设施其最小容积为贮存期内粪便产生总量和垫料体积总和。

6.农田利用时,畜禽粪便贮存设施最小容量不能小于当地农业生产使用间隔最长时期内养殖场粪便产生总量。

7.畜禽粪便贮存设施必须进行防渗处理,防止污染地下水。

8.畜禽粪便贮存设施应采取防雨(水)措施。

9.贮存过程中不应产生二次污染,其恶臭及污染物排放应符合GB 18596—2001《畜禽养殖业污染物排放标准的规定》。

五、设计方法

1.堆粪场体积计算方法:将不同畜种粪污在堆粪周期内粪污量作为有效容积,在此基础上堆粪场高度至少增加0.5m,再用面积乘以0.5m得出的体积+有效容积作为堆粪场设施配套的依据。

2.粪便储存设施容积计算公式如下:

$$S = \frac{N \cdot Q_w \cdot D}{\rho_M}$$

N—动物单位数量;每1 000kg活体重为1个动物单位;

Q_W—每个动物单位每天产生的粪便数量(kg/d);

D—贮存时间,单位为日;

ρ_M—粪便密度,单位为(kg/m³);

注:猪、牛每个动物单位为100头;鸡的每个动物单位为1 000只。

3.建筑要求:符合建筑物、构筑物的基本模数、卫生隔离、安全防护等要求,具有防雨,通风,抗渗,耐腐蚀,方便车辆、人员操作。

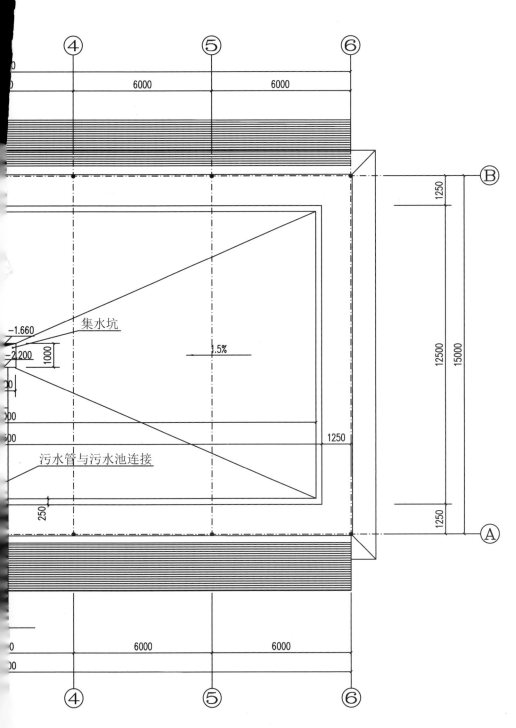

有效体积500m³堆粪场平面图

附图7：有效体积500m³的堆粪场平面图

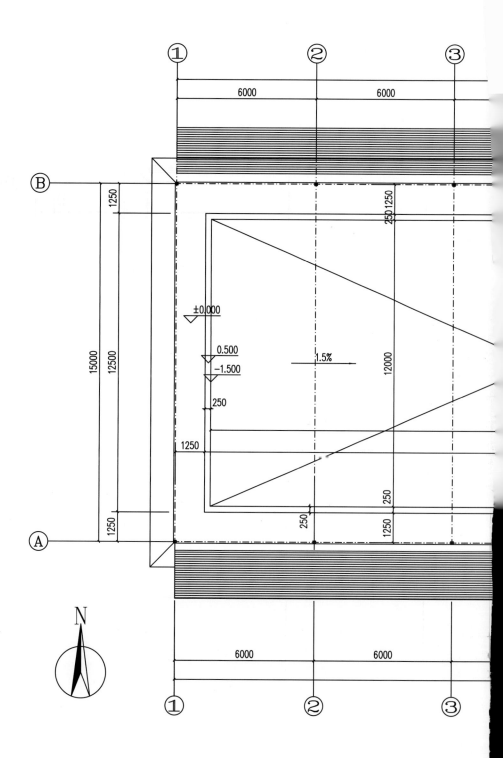

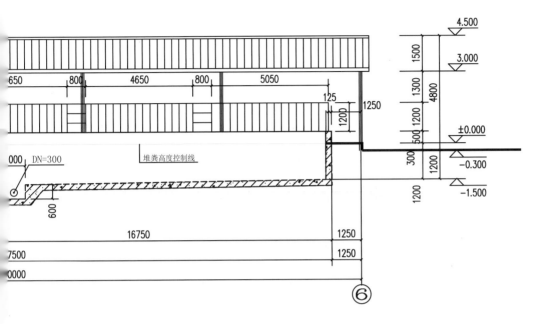

有效体积500m³堆粪场堆粪场剖平面图

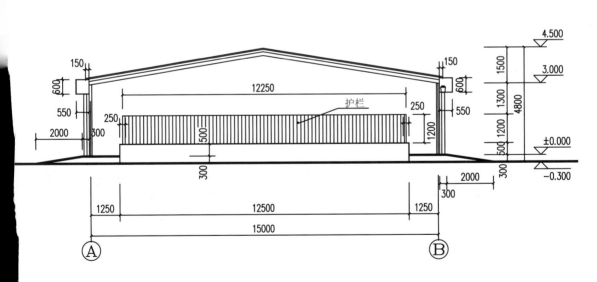

有效体积500m³堆粪场堆粪场侧立面图

附图8：有效体积500m³的堆粪场剖、立面图

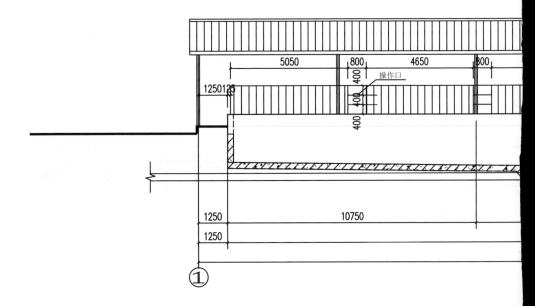

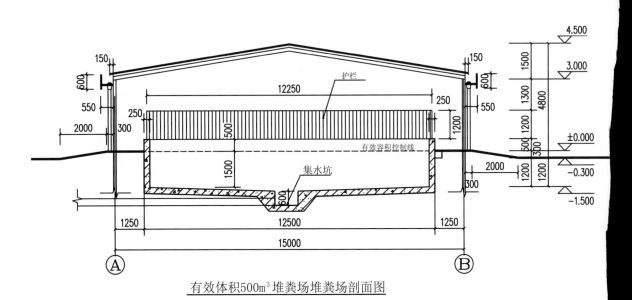

有效体积500m³堆粪场堆粪场剖面图

槽式堆肥工艺设施建筑设计说明(二)

2.发酵槽大小的确定:

(1)根据养殖规模确定每日进料量,最大发酵时间为21d,发酵槽大小可根据21d粪便量的倍数确定。

(2)根据翻抛设备、翻抛高度,单槽工作幅宽确定槽宽度、长度,建议至少增加1个发酵槽来增加粪污处理、沤制肥料的灵活性及生产安全性,同时减少原粪堆积量。

(3)根据场地及轻钢结构常用跨度,选择合适长宽尺寸,防雨棚结构类型因为发酵槽需要增加温度效应,选择阳光板防雨棚,是否全封闭,是否增设除臭系统,根据实际情况来定。

3.设计要求:为操作方便,一般堆粪场设计为半地下工程,高于地面500mm,一般槽体深度0.8~1.2m,根据设备翻抛高度确定,宽度3~7m,堆粪场一端设计为坡道,出口设计排水沟收集粪水。

4.设施配套标准:日产粪便10m³、30m³的养殖场。

三、结构设计要求

1.为了提高发酵槽体的使用耐久性能,建议槽体使用混凝土结构,墙体厚度大于250mm,全封闭防水,防水等级为一级,要求结构自防水,并增加1~2种其他防水;防水还应包括主体、施工缝、后浇带、变形缝、管道出入口等细部结构的防水措施,H=2~3m,设计抗渗等级P6。

2.混凝土要求:混凝土厚度不得小于250mm,裂缝宽度不小于0.2mm且不得贯通,迎水面保护层不得小于50mm;混凝土材料、配合比等应该符合GB 50108《地下工程防水技术规范》的相关规定。

3.卷材防水:地下工程一般采用高聚物防水卷材和合成高分子类防水卷材,主要性能应符合GB 50108《地下室工程防水技术规范》的相关规定;防水卷材应铺设在混凝土结构迎水面,当基层面潮湿时,应涂刷固化型胶或潮湿界面隔离剂;防水卷材的品种规格应根据地下工程的防水等级、地下水位和水压力状况等选择。

4.槽体(发酵槽、陈化池)工程做法:参考DBJT04-35-2012-12J1《山西省工程建设标准设计》工程用料做法;外壁,防水混凝土外墙≥250mm,抗渗等级≥P6;20mm厚1:2.5水泥砂浆找平层;刷基层处理剂1遍;5mm厚1:2水泥基防水涂料(迎水面改为卷材防水层);20mm厚1:2水泥砂浆保护层(当内壁表面平整时可取消保护层);

5.防雨棚设计要求:为了保证槽体结构的耐久性,建议防雨棚应有独立的建筑基础,不建议防雨棚柱基础与槽体结构混建;

6.防雨棚工程做法:

(1)结构类型:轻钢结构。

(2)屋面做法:翻堆车间为10mm厚阳光板屋面,增加冬季室内及堆肥的温度;墙体高度1200mm范围内可砌筑砖或混凝土砌块墙体,1200mm以上可安装10mm厚阳光板。

(3)槽体周围地面做法:120mm厚C25混凝土地面随打随抹;150mm厚3:7灰土垫层,素土夯实。

(4)散水做法:60mm现浇混凝土散水宽1000mm,湿陷性黄土地区散水宽度不小于1500mm,坡度不小于5%,湿陷性黄土地区建筑物周围6m范围内地面坡度大于1%。

(5)坡道做法:180mm厚混凝土麻面防滑坡道。

槽式堆肥工艺设施建筑设计说明(一)

一、槽式堆肥设施工艺技术及工艺措施

1.有机肥堆制方法：按原料的不同分高温堆肥和普通堆肥。高温堆肥以纤维含量较高的植物物质为主要原料，在通气条件下堆制发酵，产生大量热量，堆内温度高(50~60℃)，因而腐熟快，堆制快，养分含量高。在畜禽粪便中添加生物菌可以在24h内快速升温，72h达到除臭效果。高温发酵过程中能杀死其中的病菌、虫卵和杂草种子。普通堆肥一般掺入较多泥土，发酵温度低，腐熟过程慢，堆制时间长。堆制中使养分组成改变，碳氮比值降低，能被植物直接吸收的矿质营养成分增多，并形成腐殖质。一般3~4d翻抛1次，发酵15~21d左右可以腐熟。

2.工艺设计：原料(混料)预处理——一次发酵车间——陈化处理——加工车间——成品储存。

3.设备选择及配置：

(1)预处理设备：铲车。

(2)供氧设备：鼓风机、罗茨风机、高压涡轮风机、中低压风机。

(3)翻抛设备：翻堆机，工作参数250~500m³/h，翻抛深度0.8~1.2m，行走速度1~4m/min，同时配备移行车。

(4)包装设备：自动计量包装设备。

4.无害化过程控制指标：

(1)槽式堆肥工艺参数包括一次发酵：

发酵周期：15~20d；

翻堆次数：1~2次；

发酵后含水率：≤50%；

卫生要求：无蝇虫卵；

发酵温度：55℃以上高温期≥7d；

氧气浓度：≥5%；

发酵后温度：≤40℃；

臭气浓度：恶臭污染物排放标准。

(2)陈化工艺参数：

发酵周期：15~20d；

翻堆次数：2~3次；

陈化后含水率：≤45%；

卫生要求：无臭味；

陈化温度：≤50℃；

氧气浓度：根据发酵后情况调整；

陈化后温度：≤35℃；

臭气浓度：恶臭污染物排放标准。

5.温度调节：槽式堆肥一般堆积发酵1~3d后，温度可调整为50~60℃，同时采取曝气、搅拌等措施调整到55℃以上，维持7~10d，起到杀死病原菌、寄生虫卵和杂草种子等作用，腐殖质开始形成，发酵达到初步腐熟。

6.发酵时间控制：发酵时间一般和原料种类、辅料添加比例以及处理方法密切相关。槽式发酵工艺一次发酵时间需要15~20d；二次发酵(陈化)一般需要15~20d。

7.翻堆控制：翻堆是通过翻倒、搅拌等方式使堆料、水分、温度和氧气等达到均匀、供氧、混合物料、散发水蒸气的作用，翻堆次数1~2次。

8.供氧控制：一次发酵过程需要保证堆体中始终均匀有氧，供氧方式主要有自然扩散、翻堆、被动通风和强制通风，氧气浓度供应5%以上，可采取PLC程序控制，定时定量供氧，也可根据发酵情况调节。

9.臭气控制：发酵过程中应对发酵车间内的臭气进行控制，措施包括源头控制、工艺过程控制和末端控制。

(1)源头控制：通过对原料车间进行封闭、及时对原料进行混料输送至发酵车间等措施来减少臭气排放。

(2)工艺过程控制：通过调节原料配比、合理曝气和搅拌，使堆体处于好氧状态，从而减少臭气产生。

(3)末端控制：通过臭气收集至除臭设备进行末端处理，臭气处理应达到GB 14554—93《恶臭污染物排放标准》中的二级标准。

二、槽式堆肥设施工程设计说明及工程做法

1.建筑设施配套模式：

(1)发酵车间(可及时农田利用或场外处理)。

(2)发酵车间+陈化间(肥料农田利用时间超过2个月)。

(3)发酵车间+陈化车间+有机肥加工+有机肥储存(配备有机肥加工设备的大型养殖场)。

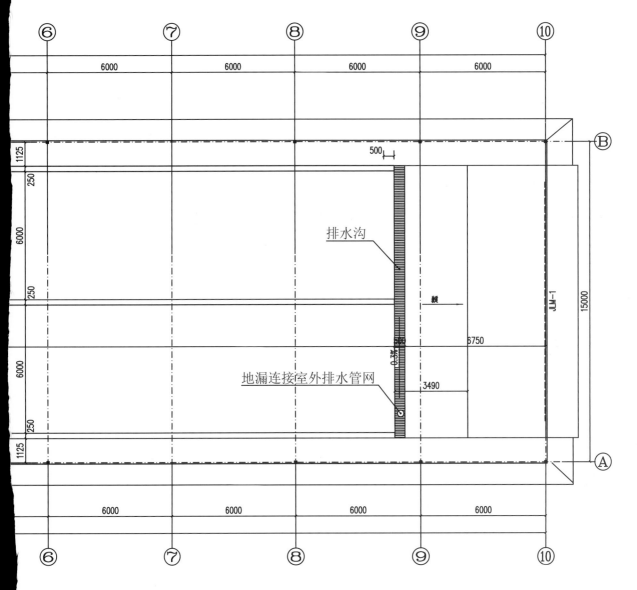

排水沟

地漏连接室外排水管网

日产粪便量10m³的养殖场槽式堆肥发酵车间平面图

附图9：日产粪便量10m³的养殖场槽式堆肥发酵车间平面图

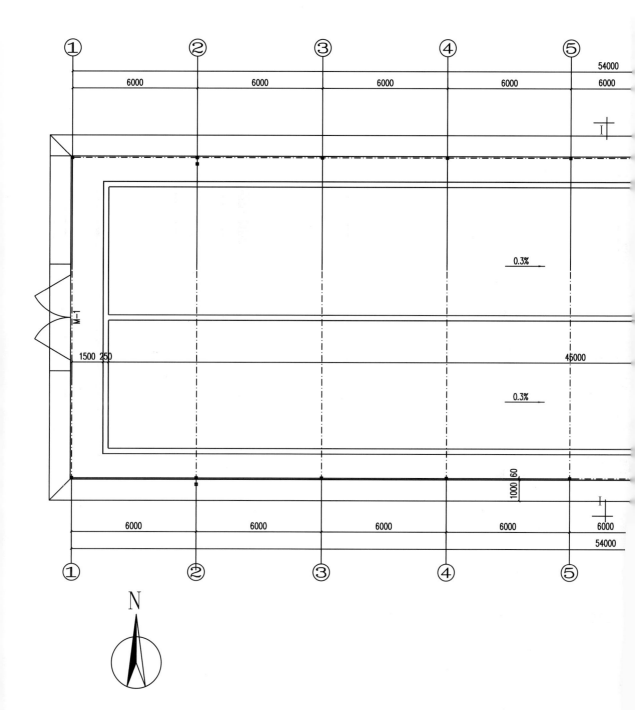

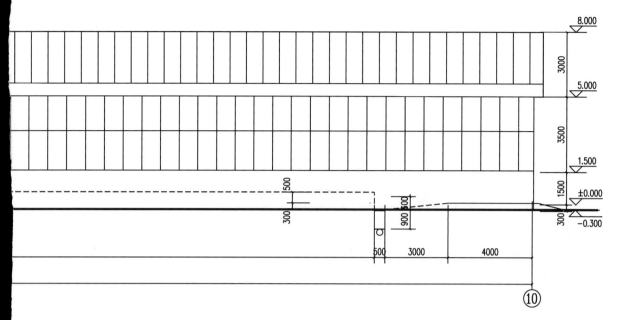

日产粪便量10m³的养殖场槽式堆肥发酵车间立面图

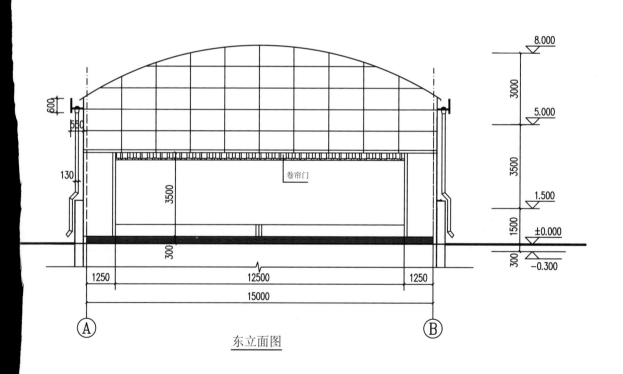

东立面图

附图10：日产粪便量10m³的养殖场槽式堆肥发酵车间剖立面图

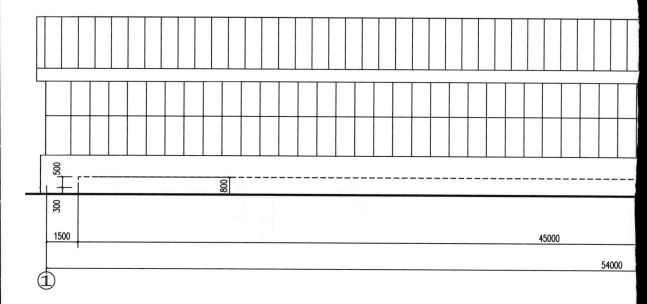

①

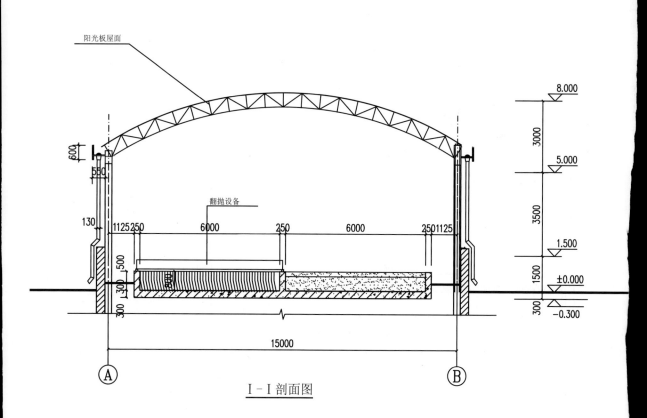

阳光板屋面

翻抛设备

I－I 剖面图

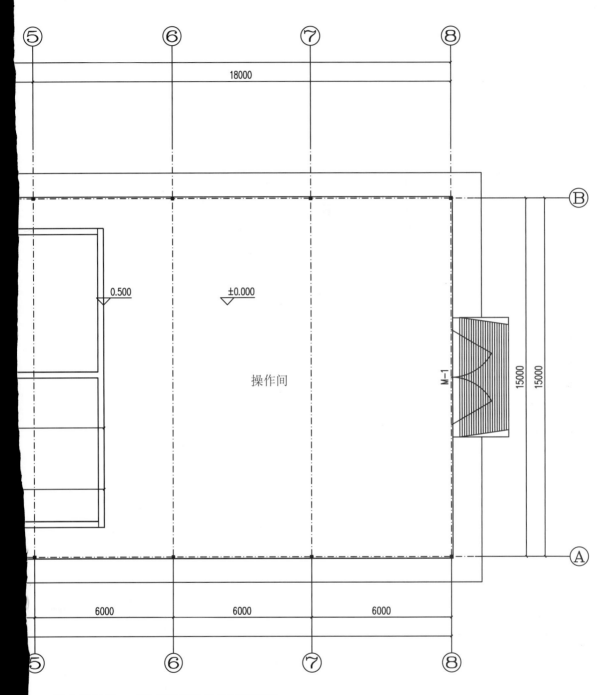

日产粪便量10m³的养殖场陈化车间平面图

附图11：日产粪便量10m³的养殖场陈化车间平面图

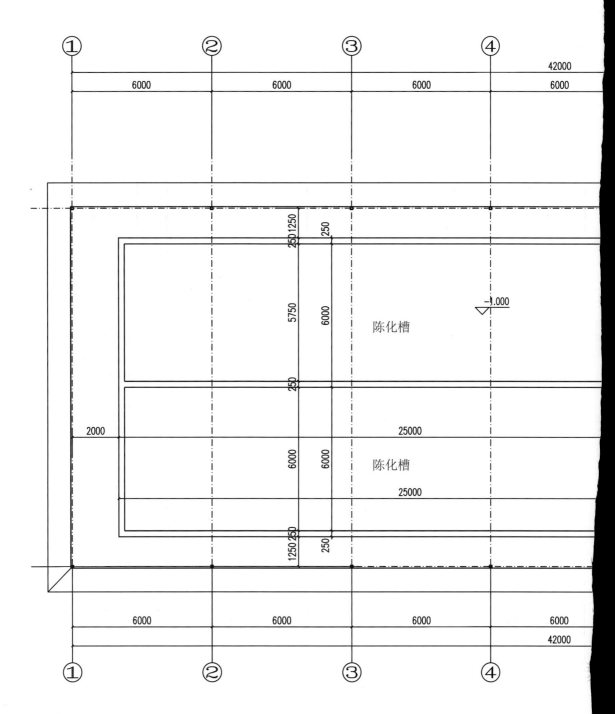

陈化槽

陈化槽

−1.000

① ② ③ ④

42000

6000 6000 6000 6000

250 1250

250

5750

6000

250

2000

6000

6000

25000

25000

1250 250

250

6000 6000 6000 6000

42000

① ② ③ ④

N

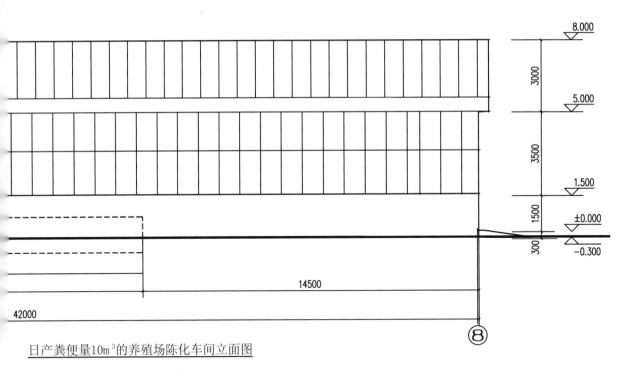

日产粪便量10m³的养殖场陈化车间立面图

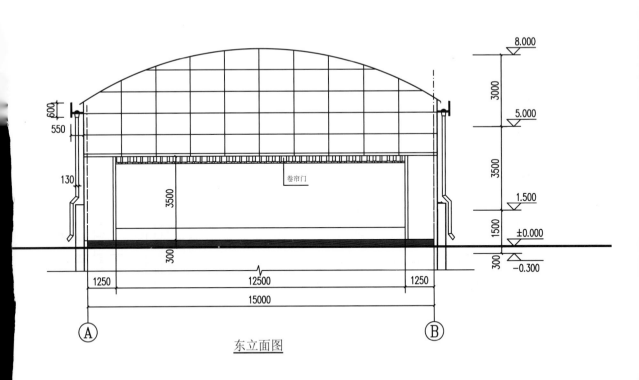

东立面图

附图12：日产粪便量10m³的养殖场陈化车间剖立面图

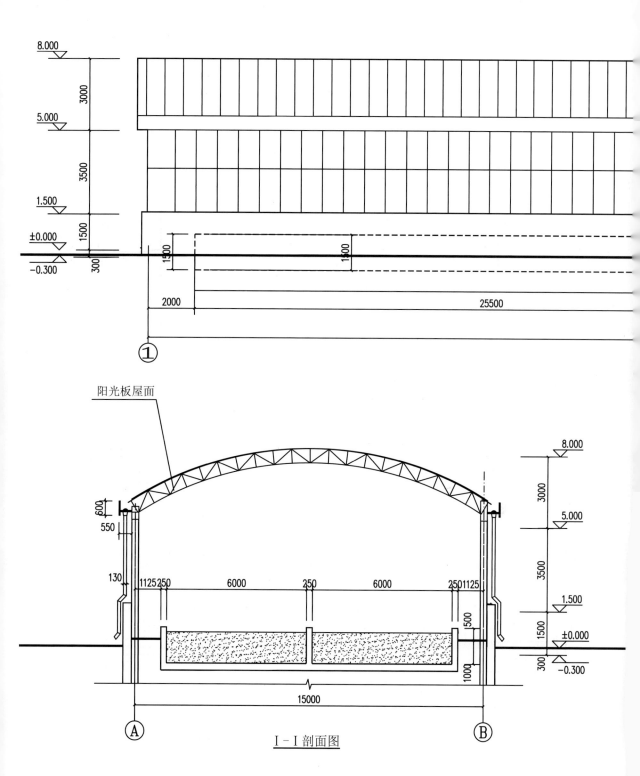

阳光板屋面

I-I 剖面图

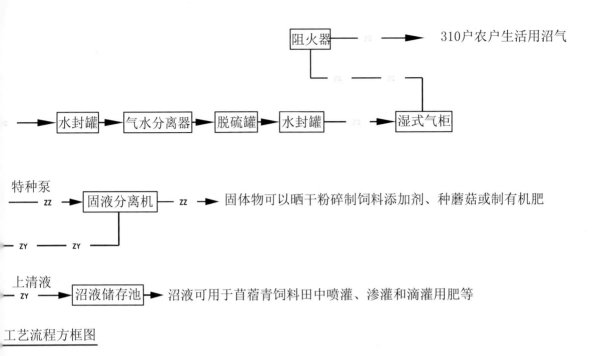

阻火器 —— ZQ ——➤ 310户农户生活用沼气

—➤ 水封罐 ——➤ 气水分离器 ——➤ 脱硫罐 ——➤ 水封罐 —— ZQ ——➤ 湿式气柜

特种泵
—— ZZ ——➤ 固液分离机 —— ZZ ——➤ 固体物可以晒干粉碎制饲料添加剂、种蘑菇或制有机肥
—— ZY —— ZY ——

上清液
—— ZY ——➤ 沼液储存池 ——➤ 沼液可用于苜蓿青饲料田中喷灌、渗灌和滴灌用肥等

工艺流程方框图

附图13：500m³沼气集中处理中心工艺流程方框图、工艺设计说明

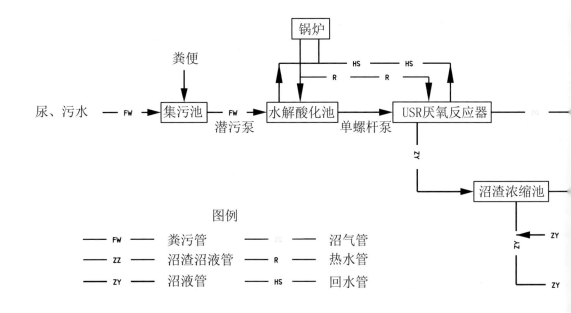

图例

符号	名称	符号	名称
—— FW ——	粪污管	—— ZQ ——	沼气管
—— ZZ ——	沼渣沼液管	—— R ——	热水管
—— ZY ——	沼液管	—— HS ——	回水管

设备明细表

序号	设备名称	单位	数量	规格型号
1	桨式搅拌机	台	2	JBJ-1200-4
2	潜污泵	台	2	3NL/3KW
3	单螺杆泵	台	2	G80/7.5kW
4	正负压保护器	台	1	正压5 000pa，负压300pa
5	USR厌氧反应器	台	1	500m3，Φ8.10mX10.30m
6	湿式气柜钢罩	套	1	湿式，300 M3
7	格栅	台	1	20mm，4.00m*0.90m
8	电锅炉	台	1	输出额定功率0.35MW
9	循环搅拌泵	台	2	CVD53.7-80A
10	气水分离器	台	1	QF-600，Φ600mm
11	脱硫塔	套	2	TL-800，Φ800mm
12	水封罐	台	2	Φ600mm
13	凝水器	个	3	Φ600mm
14	固液分离机	套	1	LJF-111
15	特种泵	套	1	与固液分离机配套
16	管道配件及防腐保温	套	1	
17	布水器	套	1	Φ5 000m
18	填料及填料架	套	1	108 M3 XTL-100×150
19	罗茨流量计	台	1	流量范围：0～120m/h
20	波纹管道式阻火器	台	1	DN80，PN=1.6MPa
21	沼液泵	台	2	65WQ30-10-2.2
22	消防灭火栓	台	8	SS100
23	温度变送器	台	1	RWBP1L4D12SM2GIC
24	压力变送器	台	1	WQSBP300D4KC1IM1S
25	膜盒压力表	台	2	量程：0～16kPa
26	电控柜	台	1	
	合计		43	

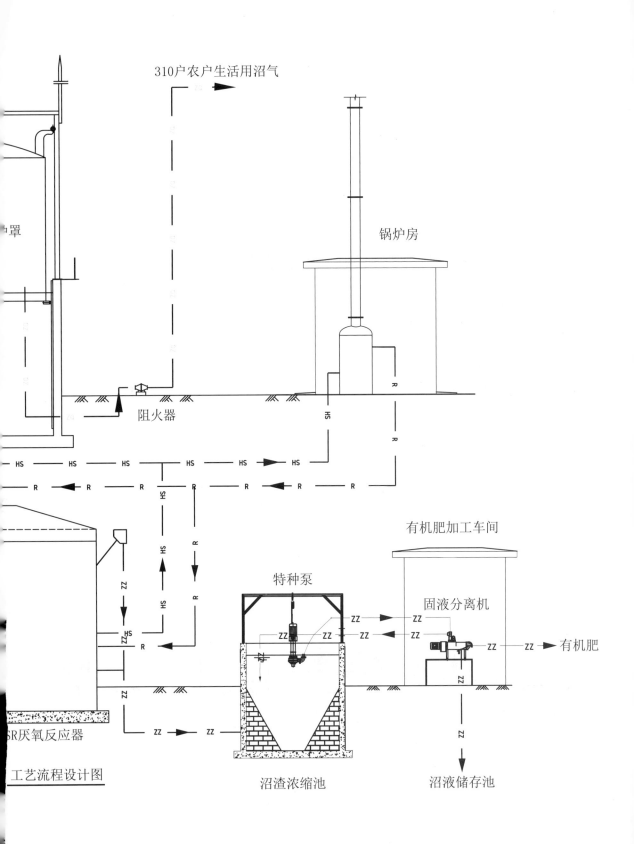

310户农户生活用沼气

锅炉房

中罩

阻火器

有机肥加工车间

特种泵

固液分离机

有机肥

SR厌氧反应器

工艺流程设计图

沼渣浓缩池

沼液储存池

附图14：500m³沼气集中处理中心工艺流程设计图

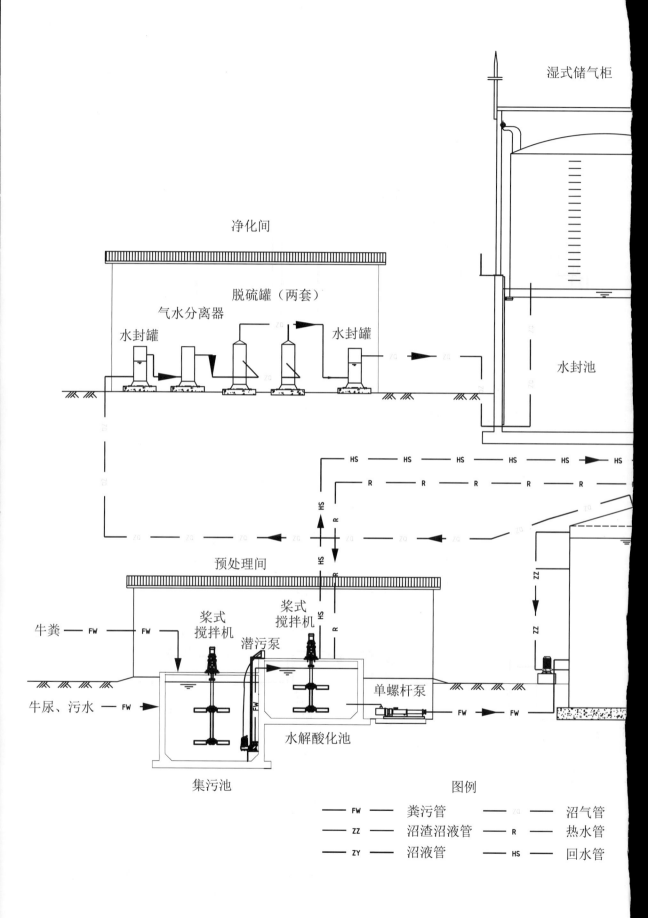

湿式储气柜

净化间

脱硫罐（两套）

气水分离器

水封罐

水封罐

水封池

HS — HS — HS — HS — HS → HS

R — R — R — R — R

预处理间

浆式
搅拌机

桨式
搅拌机

潜污泵

牛粪 — FW — FW

牛尿、污水 — FW

单螺杆泵

FW → FW

水解酸化池

集污池

图例

— FW —	粪污管	— ZQ —	沼气管
— ZZ —	沼渣沼液管	— R —	热水管
— ZY —	沼液管	— HS —	回水管

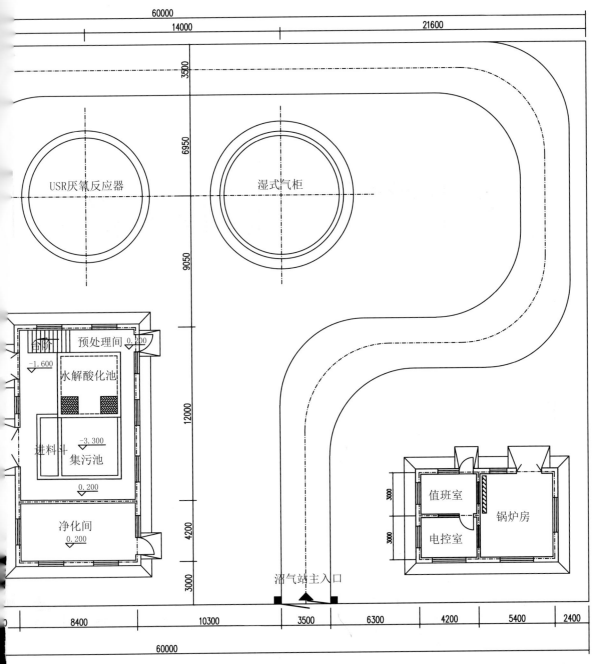

60000

14000　21600

3300

6950

USR厌氧反应器　　湿式气柜

9050

合价

预处理间　0.200

−1.600

水解酸化池

进料斗　　　−3.300

集污池

0.200

12000

净化间

0.200

4200

3000

3000

3000

值班室

电控室

锅炉房

沼气站主入口

8400　　10300　　3500　　6300　　4200　　5400　　2400

60000

<u>总平面示意图</u>

说明：

1. 本图标注单位均为毫米（mm）；

2. 沼气站设计地面为±0.000m，罐体基础取−0.200m。

附图15：500m³沼气集中处理中心总平面示意图

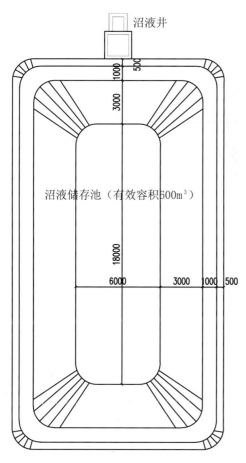

沼液井

沼液储存池（有效容积600m³）

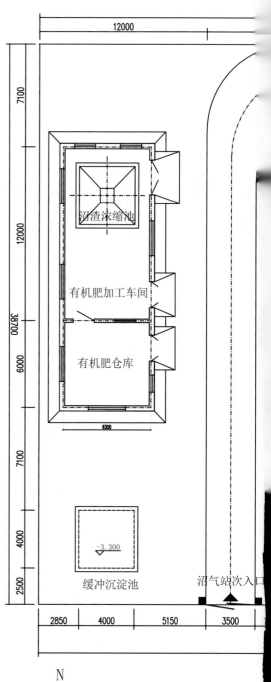

沼渣浓缩池

有机肥加工车间

有机肥仓库

缓冲沉淀池

沼气站次入口

N

建构筑物一览表

序号	名称	容积/面积	备注
1	集污池	59.20m³	钢混
2	水解酸化池	40.00m³	钢混
3	沼渣浓缩池	80.00m³	钢混
4	USR厌氧反应器	500.00m³	钢混
5	湿式气柜	300.00m³	钢混
6	沼液储存池	600.00m³	钢混
7	电控室	12.60m²	砌体
8	值班室	12.60m²	砌体
9	净化间	35.28m²	砌体
10	锅炉房	30.24m²	砌体
11	有机肥加工车间	75.60m²	砌体
12	有机肥仓库	37.80m²	砌体

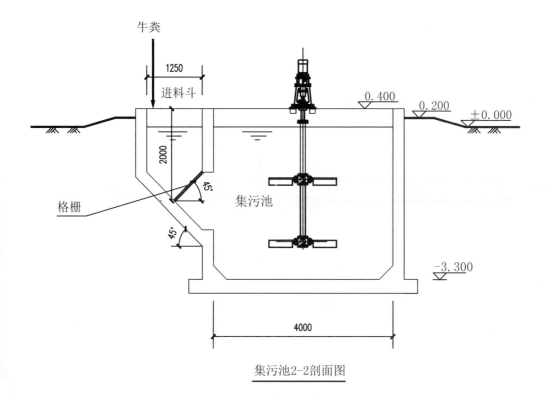

牛粪

1250

进料斗

2000

0.400   0.200   ±0.000

格栅

45°

45°

集污池

−3.300

4000

集污池2-2剖面图

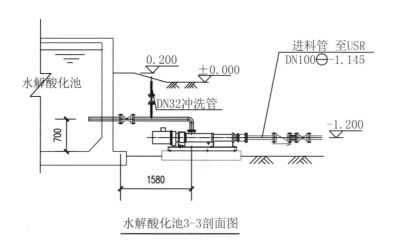

水解酸化池

0.200   ±0.000

进料管　至USR
DN100⊖−1.145

DN32冲洗管

700

−1.200

1580

水解酸化池3-3剖面图

附图16：集污池、水解酸化池平面图、剖面图

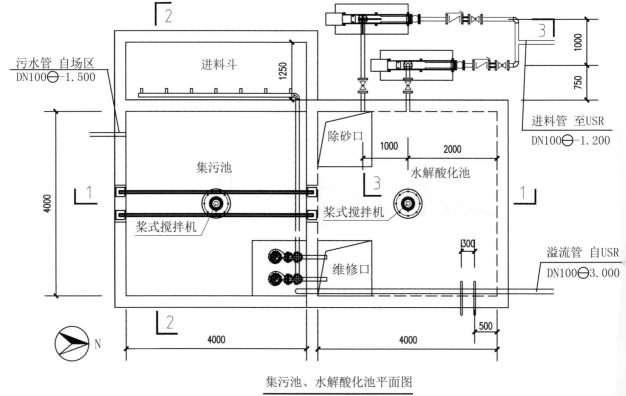

集污池、水解酸化池平面图

集污池、水解酸化池1-1剖面图

说明:

    1.图中尺寸标注以毫米（mm）计,标高以（m）计;

    2.进料池内管道、管件,均为碳钢防腐,防腐做法:钢管除锈,环氧沥青漆一底两面;

    3.进料池内预埋的管线如有变更,请根据现场而定、并做好预埋管线止水。

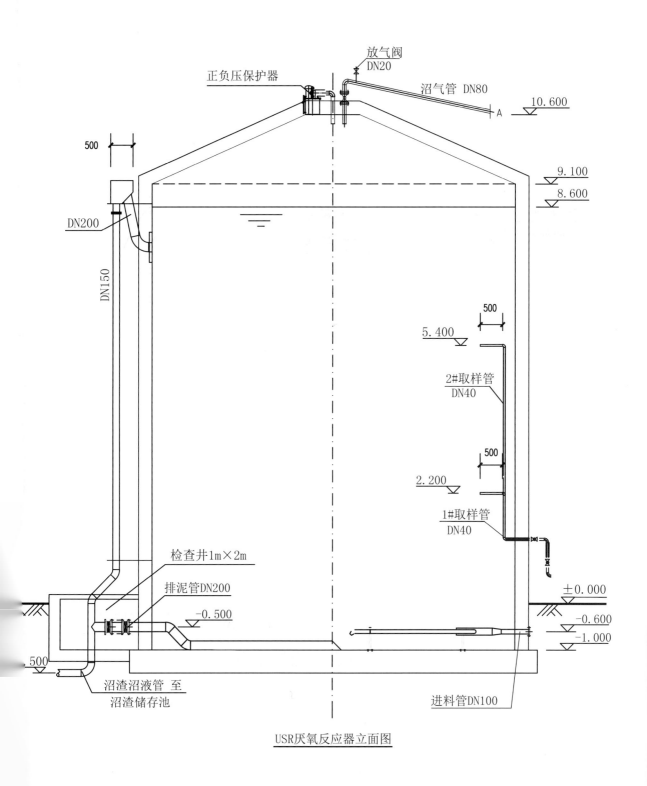

放气阀 DN20

正负压保护器

沼气管 DN80

10.600

A

500

9.100
8.600

DN200

DN150

500

5.400

2#取样管 DN40

500

2.200

1#取样管 DN40

检查井1m×2m

排泥管DN200

−0.500

±0.000

−0.600
−1.000

500

沼渣沼液管 至
沼渣储存池

进料管DN100

USR厌氧反应器立面图

附图17：USR厌氧反应器平面图、立面图

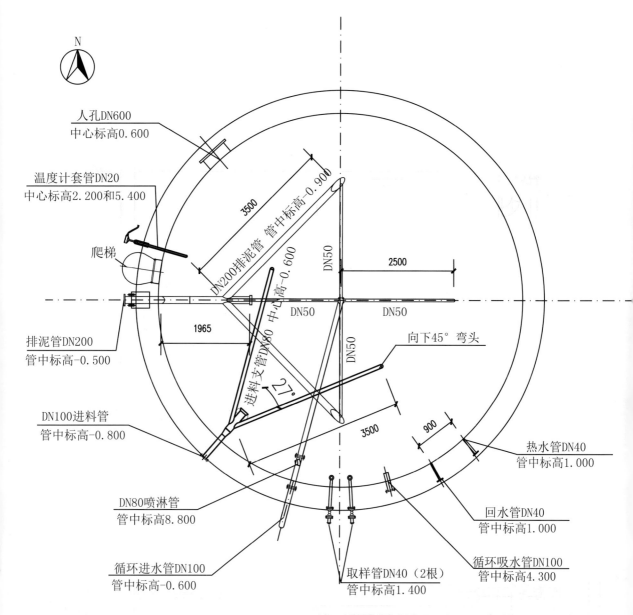

人孔DN600
中心标高0.600

温度计套管DN20
中心标高2.200和5.400

爬梯

3500

DN200排泥管 管中标高-0.900

管中标高-0.600

DN50

2500

DN50

DN50

DN50

1965

进料支管DN80 中心标高-0.600

排泥管DN200
管中标高-0.500

27°

向下45°弯头

DN100进料管
管中标高-0.800

3500

900

热水管DN40
管中标高1.000

DN80喷淋管
管中标高8.800

回水管DN40
管中标高1.000

循环进水管DN100
管中标高-0.600

取样管DN40（2根）
管中标高1.400

循环吸水管DN100
管中标高4.300

USR厌氧反应器平面图

说明：

1.本图标注尺寸单位以毫米（mm）计，标高尺寸单位以米（m）计；

2.本图标高为相对标高，罐体内基础地面标高为-0.200m，具体标高见地勘资料；

3.罐内管道、管件均为碳钢防腐，防腐做法：钢管除锈，先用红丹防锈漆刷一遍，再用环氧沥青漆刷两遍；

4.进料管中心高0.600m，现场安装时必须进行支撑，具体方法现场决定；

5.立面图只示意安装高度，具体安装位置以平面图和工艺管线图为准；

6.罐内管道支架做法现场确定，要求用管卡进行固定。

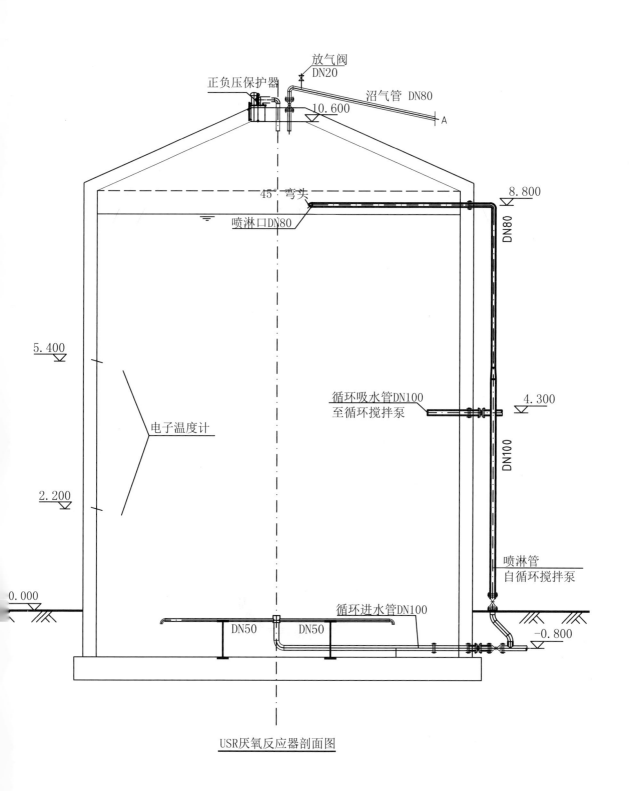

放气阀
DN20

正负压保护器

沼气管 DN80

10.600

A

45°弯头

8.800

喷淋口DN80

DN80

5.400

循环吸水管DN100
至循环搅拌泵

4.300

电子温度计

DN100

2.200

喷淋管
自循环搅拌泵

0.000

循环进水管DN100

DN50   DN50

-0.800

USR厌氧反应器剖面图

附图18：USR厌氧反应器循环管平面图、剖面图

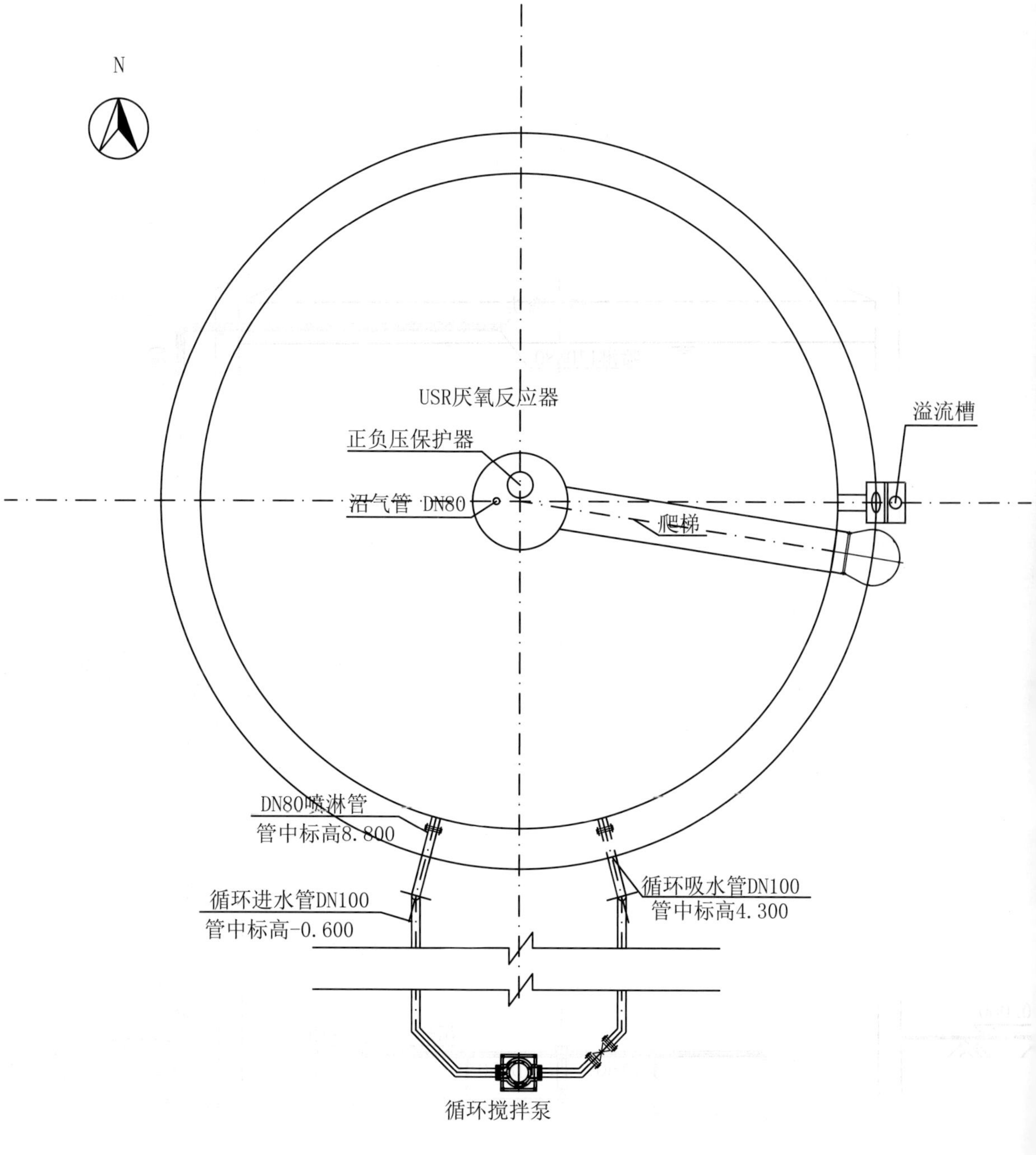

N

USR厌氧反应器

溢流槽

正负压保护器

沼气管 DN80

爬梯

DN80喷淋管
管中标高8.800

循环吸水管DN100
管中标高4.300

循环进水管DN100
管中标高-0.600

循环搅拌泵

USR厌氧反应器循环管平面图

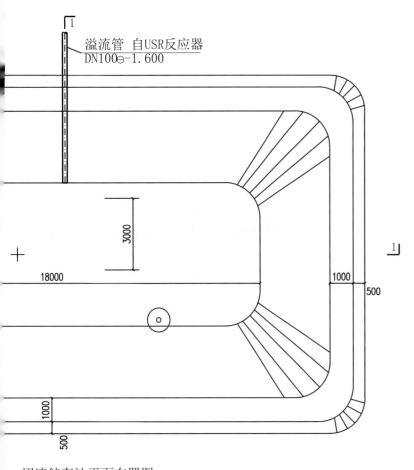

溢流管 自USR反应器
DN100⊖-1.600

3000

18000

1000

500

1000

500

沼液储存池平面布置图

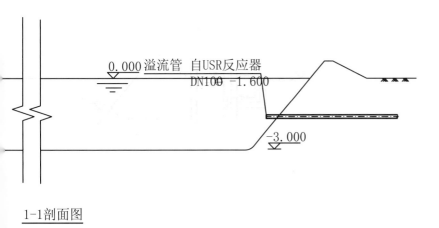

0.000 溢流管 自USR反应器
DN100 -1.600

-3.000

1-1剖面图

附图19：沼液储存池平面图、剖面图

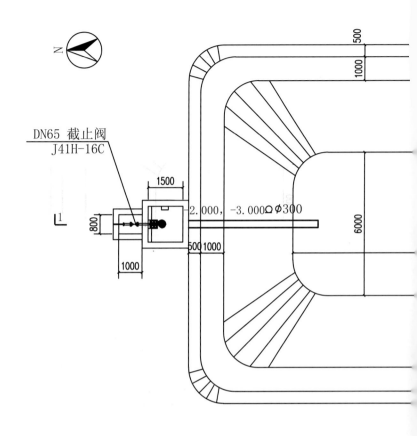

DN65 截止阀
J41H-16C

1500

800

1000

500 1000

-2.000, -3.000 ⌀φ300

6000

500

1000

N

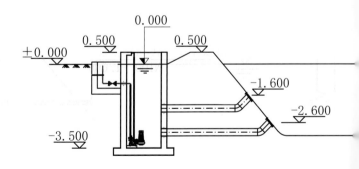

0.000

0.500   0.500

±0.000

-1.600

-2.600

-3.500